U0456896

美女是怎样炼成的

做个性格完美的女孩

李丹丹　李姗姗　编著

民主与建设出版社

·北京·

© 民主与建设出版社，2020

图书在版编目（ＣＩＰ）数据

做个性格完美的女孩 / 李丹丹, 李姗姗编著. －－ 北京：民主与建设出版社, 2020.4

（美女是怎样炼成的；9）

ISBN 978－7－5139－2858－8

Ⅰ.①做… Ⅱ.①李… ②李… Ⅲ.①女性－性格－通俗读物 Ⅳ.①B848.6－49

中国版本图书馆CIP数据核字(2020)第064368号

做个性格完美的女孩
ZUO GE XING GE WAN MEI DE NV HAI

出 版 人	李声笑
编 著	李丹丹　李姗姗
责任编辑	刘树民
封面设计	大华文苑
出版发行	民主与建设出版社有限责任公司
电 话	（010）59417747 59419778
社 址	北京市海淀区西三环中路10号望海楼E座7层
邮 编	100142
印 刷	三河市德利印刷有限公司
版 次	2020年5月第1版
印 次	2020年5月第1次印刷
开 本	880毫米×1230毫米　1/32
印 张	5
字 数	125千字
书 号	ISBN 978－7－5139－2858－8
定 价	238.00元（全10册）

注：如有印、装质量问题，请与出版社联系。

　　提起美女，我们的眼前就会出现容貌娇美、身材玲珑、笑容甜美的青春女子形象。她们就像春天的花朵，点缀着人生的美景；她们又像夏天的树荫，带给人们清凉和宁静；她们还像是秋天的果实，带给人们幸福和欢乐；她们更像冬天的暖阳，带给人们温馨和喜悦。

　　美女的一切都是令人愉悦的，她们柔美、温顺、恬静；她们漂亮、高贵、潇洒，她们是人间的天使，她们是万众的偶像。她们飘然前行于人们仰慕的目光里，她们优雅嬉戏于无限春光中。

　　她们中的很多人大把挥霍着自己的美貌和青春，却单单忘记了一件事，那就是韶华易老，青春易失，人生美好的年华只有短短的数年，待到岁月流逝，光华褪尽，一切都成为过眼烟云，她们只会留下人老珠黄的慨叹和无可奈何的哀鸣，以及被忙碌奔波生活磨光所有光彩的衰老躯体。

　　而另一种人，她们或许并不美丽，但却有独特的气质；不一定炫目，但一定让人感觉很舒服；她的智商不一非常高，但却有很高的情商，足以让她在生活、工作中游刃有余；她的生活中也有烦恼，但一定可以凭自己的智慧去化解。这样的一个女人，虽然没有过人的容貌，但却能凭借内在的气质，使美丽永驻。

　　修炼你的气质，沉淀你的内心，当气质美渗入你的骨髓，纵使岁月无情，你依然能凭着那份灵动、睿智、从容、淡定的气质成为最有魅力的那道风景。那么，女孩到底应该如何提升自己的气质，做个魅力美人呢？

　　本书就是专门为女孩准备的练就永恒美丽的智慧丛书，包括《生活需要仪式感》《优雅的女人最幸福》《动脑大于动感情》《气质女人的芬芳生活》《金刚芭比：做个又忙又美的女子》》《美女当自强》《做个性格完美的女孩》《做个灵魂有香气的女子》《生活需要你勇敢坚强》《把生活过成你想要的样子》10本。它从女孩的学习、工作、生活、习惯等细节入手，用优美的语言，生动的事例深入浅出地讲述了一个女孩应该如何通过修养自己，完善自己，最终使自己变成有内涵、有价值的魅力女性的人生道理，是一套值得每个女孩学习和收藏的珍品书籍。相信通过本套书的学习，一定会对大家迈向积极的人生之路起到极大的指导作用和推动作用。

目录

第一章
扮靓自己，让美丽尽情绽放

　　扮靓是一门学问，也是一门艺术。扮靓成功的关键在于你是否具有一定的审美感以及必备的技巧。在这个美丽的世界里，要做就做最好，而非次等。因为，丝毫的瑕疵都是美丽的大敌。

　　只有把自己打扮得光彩耀人，才能够让自己的美丽在这个时代里尽情地绽放，才能够让自己的一生留下一个无悔的结局。

做个水嫩美女，从护肤开始

女人的肤如凝脂，除了得自先天的遗传、还得益于后天的生活习惯和成长环境。

晶莹剔透的肌肤是每一个女人都梦寐以求的，而评定美丽女人的首要标准，也是皮肤的靓丽。所谓"清水芙蓉，天然去雕饰。"最健康、最美丽的当然是一张清新、自然的脸庞。

人的皮肤是大自然无与伦比的精妙构筑，是处于人体最外层的第一防线。细腻健美的皮肤使人面色红润，容光焕发，从而能够展现出女人迷人的风采。

女性容貌的妆饰美，几乎熔炼了现代美容术的所有要律。一副妆饰姣好的容貌，可以使风姿大为增色。

不知你是否意识到，工作的压力、空气的污染、不规律的饮食起居，都宛如无形的杀手，在不知不觉中，吞噬着肌肤的健康和光泽。

不难设想，一位女性即使五官再美，如果皮肤枯黄、布满皱纹，也难引发美感。如果五官美丽，又得当地分布在洁美的肤面上，则会使姿容生辉。因此，护肤是我们每一位女性获得美丽的必须手段。

科学的护肤始于对皮肤性质的了解。皮肤分为油性、干性、中性和混合性四种。其中，中性最为理想，油性易生面疱，干性易生皱纹。混合性是一部分皮肤属油质，一部分皮肤属于干性，因此较难护理。

好的皮肤要具备四大条件：水嫩、有弹性、细致、健康。

首先，水嫩的润泽度在肌肤上表现为油脂与水分的充分协调，比例恰当。

其次，弹性则是因为肌肤表皮的新陈代谢顺畅，新细胞得以能够替补不断脱落的老死细胞，这样的肌肤看起来才有吹弹可破的弹性。光滑细致则因新陈代谢规律、毛孔不堵塞而倍显柔滑。

最后，健康结实而不是显得松动无力，这样的肌肤才能经得起岁月流逝的长期考验，延缓衰老，要达到这一点，常常适当地为肌肤做按摩是个好办法。

有了这四大表现，我们才可以说自己的肌肤是好肌肤。

护肤就要健肤。皮肤保健有按摩保健，滋润保美剂保健，营养保健以及精神保健等方法，可因人、因时、因地应用。

例如少女主要以营养保健为主，辅以其他方法。中年妇女以坚持按摩保健为主，辅以其他方法。久病或蒙受不幸刺激的女性则应以精神保健为主，辅以其他方法。

而在护肤当中，洗脸则是保持皮肤健康、有光泽的第一步。漂亮女人都是会洗脸的，她们懂得如何洗脸，并且善于洗脸。

是用水。许多人洗脸时习惯接一盆水，然后用水浸润过的毛巾擦脸，其实这样并不科学。洗脸最好使用流动的水，因为流动的水能及时把从面部毛孔中洗出来的脏东西带走。

洗脸时，对水是有讲究的。在《红楼梦》中，尼姑妙玉用雪水煮茶，大家闺秀薛宝钗用雨水煎药，都是颇为风雅的事。但是，煮茶的雪水、煎药的雨水，却未必能够用来洗脸。

因为雨水、雪水、井水、泉水都是属于硬水，不能直接在皮肤上使用。如果要使用这样的水，在洗脸前必须先把水煮沸、澄清，进行软化，然后才能用温水洗脸。

在温水中，可以添加半杯牛奶或者一小撮食盐，也可以洒几滴白醋。据说慈禧60岁仍用牛奶洗澡，因此她的皮肤始终如婴儿般细腻。当然，这种做法在当时显得骄奢淫逸，但在今天，如果有条件的话，你不妨让你娇嫩的脸蛋定期享受一次牛奶浴。

如果你有一定的经济条件，却还无法奢侈到用纯牛奶洗澡的地步，也不妨偶尔用少量牛奶和天然矿泉水洗脸，过一把"贵族女人"的瘾。

洗脸的时候，要使用天然柔和的全棉毛巾或者棉垫、棉花。毛巾要定期清洗、消毒；棉垫、棉花应选用天然的，最好是消毒的脱脂棉。

在洗脸的过程中，要注意对脸部揉搓的力度。用力要轻柔，不可过猛。可以轻轻揉搓、擦拭面部，这不仅能够促进皮肤血液循环，增强新陈代谢，还可以改善皮肤的张力，使之得到滋润。

但是，在揉搓的时候，要注意皮肤纹理的方向，要自下而上地揉，由内向外地揉，均匀用力。特别是皮肤具有油性特征的女人，在洗脸时，要用毛巾擦洗脸的各个部位，直至干净为止。

用于洗脸的清洁用品种类很多，如洗面奶、液、露、霜，清洁油，专用卸妆液等。购买清洁用品时，要考虑它能否将毛细孔内的污垢溶出，最好按习惯购买自己熟悉的产品。如果对产品不够熟悉，可以先购买试用装，试用后如果感觉不好，不管这种清洁用品如何有名，如何令你喜欢，你都要舍弃。

卸妆也是面部清洁的重要步骤。卸妆主要是针对习惯使用化妆品的女性。使用过口红、睫毛膏、眉笔、粉等化妆品后，用普通的清洁用品不容易清洗干净皮肤，最好使用专业的卸妆产品。

在洗脸之前，先把卸妆产品涂抹在额头、脸颊、鼻子、下巴等部位，然后由内向外、由下而上轻轻按摩脸部，让卸妆产品将脸上的化妆品溶解；再用面巾纸或者化妆棉，将脸上的东西都擦拭掉；最后，再用清洁用品按正确的方法洗脸。

只要你坚持每天正确洗脸，及时清除皮肤上的有害物质，就能够有效延缓皮肤衰老，保持皮肤的健康。

秀发如诗，秀出你的绝代芳华

女人的美丽，不仅在脸，而且在手，在足，在眼，甚至渗透至三千发丝。长发飘逸的你，是否整个身体都会感觉轻灵柔美；短发飞扬的你，是否整个面庞都会显得娇媚俏丽？

曾听人戏言，女人，左脑一半想服饰，一半思发饰；右脑一半想家事，一半思故事。

如果说衣服是女人的脸面，那么头发便是女人的心情。衣服的好坏有时只是虚荣的体现，而头发的面貌却是女人生活本真的反应。

女人一生的历程都在通过发型演绎着。幼时翘翘的羊角辫，在活蹦乱跳中抒发童年的天真；少女时渐长渐美的秀发，柔顺中又蕴涵着少女的多情；走进婚姻，精炼的短发诠释成熟与干练；韶华逝去，华发飞雪，银发凝聚的便是女人一生的心情。三千发丝，抒写不尽女性的柔美娇丽。

仔细顺一下自己的头发，问一句：你还好吗？经过无数次的烫、染、吹，它是否还像以前那样顺滑光泽，充满弹性？抑或是早已干枯分叉，看起来像一堆稻草。

或者你早已经发誓再也不摧残它，让它好好休养，可是看到满大街漂亮的卷发、色彩斑斓的亮发，你在经过发廊的时候又是否能够控制正在挪动的脚步？

没有什么能像头发那样让我们为之深深地痴迷，我们不惜耗费时间、精力、金钱来换得它的哪怕只有片刻的极致绽放，一如绚烂的流星，即便这意味着永恒的消失或者只是残留下丑陋不堪的陨石，即便它之后便开始枯萎和凋零……但它曾经繁盛而妖艳的光辉，已经足以让我们目眩神迷。

香水充盈在它左右，毛刷是它细腻的拂尘，发卷使它愈发高贵，染色剂和局油膏则使它趋于完美。相信每一个经历过美容蒙昧期的女人都或多或少为它心碎过，然而正是在这种有些粗暴甚至残酷的艺术的熏陶下，女人才能达到对于美的独特认识与初步规划。那么，为了使头发健康而长久的美丽下去，我们该如何做呢？

第一，日常护理。头发，方寸间的世界，长短后的历史，女人心中真正意义上的梦工厂，与生俱来注定要饱受煎熬与蹂躏的产物。一头惹人艳羡的秀发，不仅仅在发廊诞生，平日也在主人的精心护理下将魅力发挥到极致。

保持头发清洁是头发健康的基本条件。我们现在赖以生存的环境中，灰尘以及各种微生物每时每刻都在侵袭着我们的头发。而头发本身又在分泌油脂，如果不及时清洁，极易滋生真菌和产生头屑。

如果你是发胶、摩丝及其他一些定型用品的忠实使用者，头发吸附的脏东西更是远远超乎你的想象，而就是这些黏附在头发表面上的污垢，可能导致发质的损伤。它会增加头发之间的摩擦，造成头发受损，使头发变得黯淡、干燥、开叉，失去原有的光泽和柔顺，甚至断裂脱落。

如果你的头发油脂少，头发干燥，触摸的时候感觉粗糙，容易打结、松散，不润滑，缺乏光泽，造型后容易变形，头发干枯，那么你属于干性发质。

建议你一周洗发4至7次，每星期做2次油，为了避免暴晒在阳光下，宜用有防晒成分的护发产品和补湿产品。

如果你的头发柔软顺滑，有光泽，丰润柔软，油脂分泌正常，每天脱发数量约30根，只有少量头皮屑。那么你拥有的是光泽、柔顺、健康的发质。

平时你一定要注意头皮保养，洗发时多进行头皮按摩，以保证头皮血液循环良好，养分可以输送到发尾。还可定期修剪，保持秀发营养充足。

油性发质的人皮脂腺分泌过多的油脂，发丝油腻，容易头痒。而且头皮分泌的油脂令头发厚重，看上去不柔顺，显得既无生气，又失去弹性，不易打理。

所以，建议你每天洗头，以保证头发的清洁健康。同时注意不要用过热的水洗发，以免刺激头皮油脂分泌。护发素只适宜涂抹在发丝上，不要涂抹在头皮上。也不要经常用发梳擦头，宜以梳子代替发刷，并且只梳理发丝。

另外，如果你的头发过于纤细柔软，应该寻找一种能渗入发茎的洗发水，使头发充盈起来。

美发造型时，最好使用能营造丰厚发式的喷雾产品。染发也颇适合这种类型的头发，因为在染发过程中，染发剂会让发茎逐渐膨胀，由此产生更强的质感。

混合性发质表现为头皮油。但头发干，多数是由于油性头皮的人过度进行电吹风或染发，又护理不当，以致发丝干燥但头皮仍然油腻。

此外，最为重要的是要养成良好的饮食和睡眠习惯，这有助于人体正常的新陈代谢。新陈代谢正常，头发自然美丽健康。

第二，发型。当你去发廊做头发时，发型师也许会对你说，你这个年龄适合这种发型，你的身份需要那种发型……这显然是很荒谬的，因为发型不以年龄区分，也不因职业而异，只要符合你的气质，发型完全是可以随心所欲地。

如果你对现有的发型不满意，想换一种风格，或者想掩饰一下脸部的缺陷，那就赶快行动吧！首先，需要把握的是自己的风格。

在路上或者公共场所，我们常常能看到一些不符合身份的发型设计，例如稚龄的少女顶着一头成熟妩媚的大波浪，或是上了年纪的人却梳着可爱的公主头，其中也不乏一些拥有正职工作，头发造型却十分前卫、怪异的人。

个性归个性，但个性要与你的整体感觉相协调，否则便会弄巧成拙，这一点在选择发型时要特别注意。如果实在不知道自己究竟适合哪一种发型，听听他人建议也是可行的办法。

头发是否能赢得赞美，除了发型本身的设计以外，与自己的身份、年龄、职业等方面息息相关。

发型可以帮你遮盖脸部的一些缺憾。绝大多数人脸部都或多或少存在着某些缺陷，如颧骨过高、下巴过宽、前额窄小等等。如果选择好发型，就能掩藏或者削弱面部构造中的一些缺点。

如额角过低，但是你还是喜欢刘海，那么必须让前面的头发短，但绝不能低于发线，发梢应离开前额向上梳。

如额角高，那么可以留些刘海或使头发呈现波浪状，使头发遮住一部分前额，发梢应向下梳；如额角窄，则可以沿两鬓向后梳，如果你做了刘海或波浪，绝对不要让它延伸到太阳穴前边。

如额角宽，那么发梢可以从两边向中间梳，用发卷、波浪遮盖住你的一部分额角。

如果你的额头比较宽阔，可以尝试在太阳穴两侧做发卷或波浪，额前梳高。

如果鼻子大，头发可以梳高或向后梳，避免中间分开，最好不要做发卷或刘海。

如果鼻子小，头发绝不要向上梳，刘海下垂，遮盖发线即可，不要蓄得过长。

若颧骨高，不要梳中分式，两鬓的头发向前梳，超过耳线，盖住颧骨，刘海可略长些。

如颧骨低，则两鬓的头发尽量向后梳，不要遮蔽耳线，两鬓可以做出发卷，从中间分开。

如方颚，在比颚线高些的两边应做发球、发卷或波浪，使方颚看起来不太尖锐。

如果你的秀发本身有缺憾，譬如，你希望拥有一头浓密亮丽的秀发却不能如人意，那么别着急，可以尝试以下的几种利用发型掩盖头发缺陷的方法：

如果你头发稀少，若采用长直发型，缺陷将暴露无遗，较好的方法是采用中短发型，在发根用中型发卷进行烫发，烫发时间不宜过长，使头发形成较大的弯曲，要发根微微站立，做造型时，着重对发根进行加热，使发尾有轻柔动荡之感，能够产生头发浓密、自然飘逸的视觉效果。

如果你的头发多而硬，若剪得过短，就会竖起，所以不宜梳短发，只宜留中长发，从正面到侧面做多层次修剪，使发尾飘动，能给人以轻松感。

如果你的头发天然卷曲，首先可以减少发量，选择短发型，利用头发的天然曲度，采用适当的修剪角度，使头发服帖而平滑地衔接，涂上啫喱，会非常漂亮。

如果你颈背的头发朝上生，可以先把向上生的头发剪短，而把外面的头发留长，如果选择短发，应把靠近发际部分向上生的头发用削剪的方法处理，才会收到好的效果。

同一种发型留久了，难免会感到厌倦。尤其是大波浪或卷发，留了一段时间后，卷度或波浪不像刚烫时那么有弹性，发型就变了，做起造型来总觉得不够漂亮，考虑照着原有发型再烫一次，又担心太伤发质。

这时，不妨利用剪发技术让你原有的发型展现新面貌。以卷发为例，卷度松垮之后容易变得蓬松而凌乱，这时不妨请设计师将头发稍稍打薄。

然后，视脸型、长度等做适当的层次处理，完成后又是一个全新的发型。不但免除了再次烫发伤害，而且因上次烫发而受损的部分，也正好利用这次修剪而去除掉，发质看起来将会更健康。

描出一弯新月，做个迷人小妖精

一弯新月，"柳叶"妩媚，映出了女人俏丽的倩影，同时又展现了女人婀娜的神韵。在女人的双眉之间拥有着万种风情。它不失为女人一道美丽的风景。

眼睛是会说话的。对眼部进行适宜的修饰，就等于你在悄悄向他人诉说你的美丽。

毋庸置疑，每一个女孩都想拥有美丽迷人、会说话的眼睛，眼睛不美，即使其他部位再美，也将失色。为此，明亮动人的眼睛，将是展现自身魅力的重要所在。

那么，眼睛的美化必然十分重要。即使我们没有秋水双眸，女人经过得当化妆，也能使我们楚楚动人。

眼睛美丽的第一步，就是眉毛的形状，那么掌握眉毛的美化技巧尤为重要。下面方法，在依自己的个性、偏爱，决定做哪种眉型时，可以作为参考。

修眉前要准备好工具和用品：如眉钳、眉笔、眉刷、镜子、小剪子、小梳子、润肤霜、小棉球等。修眉要按程序进行：

第一步，对着镜子将眉毛刷顺，用棉球蘸酒精或收敛性皮肤水擦眉毛及周围，使之清洁。

第二步，调整眉的长度。把过长的垂直向下生长的眉毛修剪到合适的长度。用小梳子平贴在皮肤上从眉梢向眉头梳理，露出的用剪子剪掉。眉梢留得稍短，越靠近眉头的越要留得长一些。为此要把眉梳逐渐抬起。从眉毛正中到眉尖，除形状不好的外，不宜剪得太狠，使眉毛有立体感。

第三步，修整形状。先用眉笔勾画出轮廓，再用眉钳把多余的眉毛一根一根拔掉。拔前可抹一点润肤霜，拔完后，搽些奶液或者冷霜加以保护。

而要想在每次拔眉毛以后都能使双眉左右对称，完美无瑕，有一个简易的方法是用一支铅笔或筷子帮忙。

手持铅笔，使其沿鼻子左翼竖起，笔头指到右眼的内眼角，这时用另一只手拿着眉毛夹把铅笔头以左的眉毛全部拔掉。然后把铅笔向右斜倾，直至笔头指向右眼的外眼角为止，把落在笔头右边的眉毛全部拔除。使用同样方法来拔左边的眉毛，拔完之后两眉自然会均匀地对称。

若想减轻拔眉时的疼痛感，应在洗完热水澡之后马上拔眉，这是因为毛孔在刚洗过热水澡后会张开较大，这时的毛发最易拔除。

眉毛也是最能表现性格特点的，画眉时如果能将眉形与个性气质，脸形特点和化妆定位结合在一起，就能够使你的妆容呈现独有个性。

俗话说，眉毛的形状决定女人的容貌。不少人因为改变眉形而变得更美。最标准的眉形应是自眼首开始，至眼眉及鼻翼延长线交接点为眉毛所在，眉峰则在其三分之二处。

但这不是绝对的。你完全可以在悠闲的时日里多进行一些尝试，找出适合自己的漂亮眉形。

如果你喜欢给人以豪爽的印象，就要把眉画得直一点；如果你想给人一种聪明能干的印象，可以把眉略微描得竖一点；如果你喜欢别人觉得你温和善良，可以把眉描弯一点。

此外，有些女性眉毛生长方向是朝下，处理的方法是：在眉形修画完成后，用小剪刀剪去下垂的眉尖。

接下来就是眼部的化妆，而色彩组合就是眼部化妆的重点：

用暗灰色涂眼睛的全部边际，靠近外眼角要涂得浓些，到眉端要逐渐涂得淡些，分出浓淡层，要用细笔描清晰，然后用金黄奶油色扫涂整个眼窝，更衬托出眼睑的明亮。

用橘红色涂整个眼睑，要涂得靠近内眼角颜色最淡、靠近外眼角颜色最浓，分出浓淡层次。在眼睑与眉毛交接处的凹部用橘红色描双层线，产生增大眼睛的效果，但是，单眼皮、肿眼皮的人不适合画双层线。

眼睛边际涂黑色已成为眼部化妆的准则。用明亮的白色涂眼睛边际确实是惊人之举，这样会使眼睛更亮晶晶、水汪汪的。用白笔把眼睛边际描成白线，在眉毛下边涂粉红色眼睑膏，最后染眼睫毛。

对于眼窝凸凹不明显的东方人，画浓色的双层线会显得不太自然，如果想画得效果非常显著成功，需要高超的技巧。整个眼窝都涂奶油色眼睑膏，靠近外眼角要涂得浓淡，分出层次，眼睛的边际要用深奶油色。

整个眼窝涂茶色，眉毛下面涂淡粉红色，由内眼角到外眼角从淡到浓分出层次。眼睑用与粉红色正相反的绿色，绿色和粉红色以5比5的比例配合达到最好的均衡。

奇妙的颜色组合能获得意想不到的新颖、高贵感。但是，单眼皮的人不适合这种化妆。

两色组合使眼睛有立体感。在东方人中眼睑凹陷者是少数，但很受肿眼睑的人羡慕。要化妆得使眼睑显得凹陷，就要在眼睑上涂两种颜色。用粉红色涂整个眼窝，用白色涂眼窝和眉毛的连接部位。这样化妆，眼睑会显得凹陷并极自然、柔和。

画茶色眉毛突出无可挑剔的印象。靠近眼窝的眼睛边际使用茶色眼睑膏，从眼窝的其余部分到眉毛涂奶油色，再描茶色眉毛。眼睑可以和眉毛用相同颜色或用相同系列的颜色，也可以使用紫色的眼睑膏。

用暗灰色涂整个眼窝，眼睛的边际要涂得浓，向眼窝的凹处逐渐淡下来。然后用金黄奶油色，把外眼角的眉毛下面到眼窝的凹处这块比较显眼的部位涂成半圆形。这样化妆在灯光下更显得光彩夺目，是非常适合晚间的化妆。

用藏青色涂整个眼窝，向靠近外眼角方向逐渐加浓。然后用灰白色扫涂眉毛下面的整个部位，再在下眼睑靠近外眼角的三分之一的边际重叠涂藏青色。使整个眼部化妆匀称，给人神秘的感受。要特别注意眼睑膏的量，涂描得过多反而不美。

而对于一些眼部有缺陷的女人，也有着一些化妆妙法：

眼睛距离大。使用眉笔在眼角画线，然后从眉头至眼角，使用棕色的眼黛，看起来就会自然好看。

细小的眼睛。为了使眼睛看起来大而有神，在上眼睑画大约一厘米左右的影子，眼线则以5毫米左右的宽度画至眼角再伸出一点。然后使用染睫毛油，一面衡量与上眼睑的平衡，沿着下睫毛，由中间至眼尾画眼线，与上眼睑的眼线连接就好了。

画眉毛的时候，最好是画细一点，因为细的眉毛令人看起来会柔和一点。

眼窝深的人总是给人一种疲劳感觉，因此化妆时，应尽量作较明朗的化妆。在上眼睑涂比影子还要淡的粉膏，轻画眼线，涂染睫毛油，眉头须画粗一点，末端则依着弧线逐渐变细。

眼睛下垂的人，是属于善人类型，但是表面上缺少生气，因此与吊角眼的人相反，应该将上眼睑眼尾的影子涂成模糊状态。画眼线时，须将尾画粗一点，同时要稍微往上翘。

眉毛则须画得柔和一点。

眼尾上翘的人的面孔，予人一种严肃的感觉，这种人的化妆法是在眼尾涂眼影后，延伸成为朦胧状。画眼线时，在眼尾稍微往下画。眉毛也以接近水平的角度，很柔和地保持平衡画下来，这样的化妆看起来会较柔和点。

单眼皮，画眼线时，在上眼睑眼睫毛的发际稍微画粗一点，眼尾须稍微向上。画影子时，将眼睫毛的边缘画浓一点，但是上面则需画淡一点，同时旁边需涂成朦胧状态。

利用以上一些眼线的修饰方法，能够使眼部的轮廓更加明亮清晰，让眼睛更具立体感，以此增加眼睛的深邃感。还可以改变眼睛的形状，从而使你的眼睛显得更加美丽而有精神。

让你的樱唇，诱惑尽世间的人

一如骑士永远佩带宝剑，伯爵夫人永恒地需要嘴唇间的那一抹红。如果有一天上街，口袋小到只能装一件很小的东西，女人会毫不犹豫地选择什么呢？答案是一支口红！

粉红的颜色滋润着心灵，香甜的唇彩点燃了渴望。口红的意义在于它给女人增添了亮丽的个性与魅力。

　　口红的美丽是一个永不衰竭的时尚主题，它演绎出来的故事生动有趣，形成了一种割舍不断的口红文化，千百年来，关于口红的故事在女人的口中流传，在各种缤纷的广告中传播，以至于口红成为女人可亲可爱的生活用品。

　　嘴唇是五官中最容易通过化妆来改善的，因为嘴唇有自然的线条，只要稍加润饰即可。嘴唇的颜色以红色为主，因为血液的关系，有时或多或少会呈现出偏黄或者偏白的颜色。不同的唇色给人的印象是完全不同的。

　　口红有五大色彩系列：红色、珊瑚色、粉红色、肤棕色、紫红色。粉红色系列有粉红、玫瑰红等，这类口红的色彩趋于明亮，或者展现少女般的甜美；或者内含成年少妇的华丽；略微偏暖的红色系列，给人以健康活泼的感觉。

　　暖一些的珊瑚色系列，给人的是清新爽朗的印象；而肤棕色系列的口红则给人以敏锐、流行、成熟、厚重之感；紫红色系列的口红，则需要谨慎使用，否则容易让人显得呆板、冷酷。

　　总之，颜色鲜明的口红，让人感觉到的是开朗、活泼、积极的个人魅力；深色的口红，则给人以稳重、优雅、智慧的感觉。

　　口红的色彩是浪漫的，一如女人的情感。因此，不论是在日常生活中，还是在办公室工作，追求浪漫、温馨的女人都忘不了带上一支口红。整个脸部在化妆以后，如果嘴唇上没有鲜艳的颜色来衬托，整张脸就会显得黯然失色。正如古诗中所云："朱唇一点桃花殷。"

　　一个小女孩在镜子前，偷偷地涂上妈妈的口红，这就意味着她开始长大了，开始懂得了美丽的秘密。从她使用口红的时候开始，当一点口红使她脸颊上有了一种不一样的明媚和生动，她便从此乐此不疲了。

从少女时代的粉嫩，到成熟女性玫瑰色的华美，再到老妇唇上那一抹热烈的艳红，无不表达着一个热爱生活的女子心中的激情。唇彩，是女人相伴一生的朋友。

涂抹唇膏大致分为两步，先描画唇线，再涂唇膏。在涂抹唇膏之前，先用一根蘸了清水的棉签或者纸巾将双唇清洁干净，拭去唇上粉底霜的痕迹，以免双唇在涂完了唇膏以后，显得斑驳或者黯无光泽。

然后，在嘴唇上擦上一层滋润剂或者透明唇膏，用纸巾在唇上轻按一下，吸掉多余的油色。

最后使用唇刷来描画唇线。描画唇线的时候，可以使用唇刷钝平的毛，稍稍描出唇线就可以了，这时只要沾上少许的口红。

需要注意的是，当使用艳色口红时，口红的用量要少。在勾画唇线时，尽量选用接近唇膏的颜色，如果颜色相差太远，会有一种不自然的感觉。

画嘴唇时，先在上唇2个隆起部位点上2个点；然后，在下嘴唇的三分之一和三分之二处点上2个点；再将嘴巴张大成“O”形，在两边嘴角上点上2个点。

如果是樱桃小嘴，就点在嘴唇边角的外缘。如果是较大的嘴，就点在嘴唇边角的内缘。最后，从嘴唇中央向嘴角方向连接成线，勾画出唇形。

勾画唇线时，小拇指要抵住下巴，以免手抖动，造成唇线出界。

描画了唇线以后，可以用唇刷沾上一点儿唇膏，将唇线内的嘴唇涂满颜色，使唇线的痕迹与唇膏融为一体；也可以使用管状唇膏直接涂抹，使唇线的痕迹与口红融为一体。

涂完了唇膏以后，轻轻抿一下上下嘴唇，但要注意不能弄花唇线。涂完了第一遍唇膏后，用纸巾在嘴唇上轻轻压几下，吸掉多余的唇膏。如果想让唇膏保留长久一些，可以再涂一遍唇膏。

原则上，上唇的色彩应该比下嘴唇深一些，嘴唇周围较嘴唇中部深一些。最后，也可以再涂上一层亮光唇膏。这样能够使你的嘴唇看起来湿润、性感而娇媚，而且使色彩保持相对持久。

在选择唇膏或唇彩的时候，可以根据自己的喜好，选择一种颜色即可。粉色唇膏系列比较好配搭，但你也可以根据肤色挑选橘红色或者其他适合自己的颜色，但是开始最好避免使用太深、太重的颜色。

唇膏的颜色，能激活每一个女人身上蛰伏的魅力。一个女人，无论她多么喜欢素面朝天，也不会拒绝在嘴唇上涂上一点点色彩。这抹色彩，使一个女人在淡泊里增添了一点浓烈。

一张干旱、爆裂的嘴唇表明这个女人正处于生活的压力之下，倍显疲惫和沧桑之感。

口红的颜色让女人找到了一条原始的生命释放通道，女人也会为自己鲜艳的嘴唇而感动，而不仅仅为了男人眼中的那一道亮光，因为口红让女人意识到了自己拥有着世界上最美好的东西——美丽的生命。

英格丽·褒曼棱角分明的北欧式红唇，玛莲·梦露热力四射的红唇，朱莉娅·罗伯茨笑起来又大又灿烂的嘴唇……人们始终偏爱又美又诱惑的红唇。红唇始终是女人的焦点，相信你的红唇也会成为你全身令人瞩目的焦点。

做个美丽女人，浓妆淡抹两相宜

化妆是魅力女人的"第二层肌肤"打造工程。懂得化妆的女人，是聪明的女人；爱好化妆的女人，是积极的女人；善用化妆的女人，是智慧的女人。

好的妆容应该是女人用智慧和修养精雕细刻出来的。那份与身体的和谐，那份洋溢于周身的风采和风韵，那份内心世界精彩的描述和渴求，都是可以通过妆容来展露的。通常好的妆容所表达的美，是可以超越本体的。相反，不良的妆容只会损坏女性的美感、视觉、品位和素养的美感。

化好妆并不是一件容易的事。女人面对那么多的化妆品、那么多的化妆工具、那么多的化妆色彩，仅仅知道一些化妆方法是远远不够的，化妆是一项熟能生巧的技艺，我们得花一些时间练习，才能够应用自如。

化妆最难的并不是技巧，因为技巧可以练就，学会常规的化妆技巧也不是很难的事，化妆最难掌握的是审美能力。通过这种审美的外化，女人不仅可以获得创造魅力的丰富手段，还能留住流失的时光岁月，使女人延缓短暂美丽年华的梦想变为现实。

一个淡淡的气色妆，没有太过的颜色，轻描淡写就能够表现出女人自然的精神状态。

完美的化妆仪态能够塑造女性优雅的形象，不同场合化不同的妆容，是一个女人对自己得体的形象定位与诠释。

　　在人际交往中，化妆是一种基本礼貌常识，素面朝天通常并不能够充分给人以好感，尤其是女人在生病、熬夜、身体不适等情况下，素面朝天往往只会真实地表现出你的憔悴模样，而精致的妆容则会增加你的美丽，并显示出你对对方的重视以及你对自己的自重。

　　但是，女人不分场合地化浓妆也是不礼貌的，比如在正式的商洽签约场合中，化前卫、冷傲的妆容会给人以轻浮无礼的印象；而在聚会的晚宴中，不施亮彩，淡妆近于简朴，则又显得缺少热情、不合群，有孤傲藐视之嫌。故而，女人在不同的场合，应有相衬的妆容，以显示你的教养和礼貌。

　　女人应该有一个心爱的化妆包。每一件化妆包都是开启女人美好愉悦心境的伴侣，一个精美、爱不释手的化妆包，装着每一件女人心爱的随身化妆品，即便并非每一件化妆品都是名牌产品，但肯定有一两件是令你珍爱的。

　　拥有一两件名牌化妆品，会让女人有一种欣慰和充实的感觉，能够给女人带来信心和期待感。那个心爱的小小化妆包，无时无刻不浸润和鼓舞着一个女人追求美的心灵。

　　在化妆之前，你需要考虑的问题是：你想怎样表现自己？你将会在什么样的场合中出现？你穿着的是什么衣饰以及你的发型的式样？

　　如果你穿着浅色如粉色系列的服装，那么你在化妆时的色彩应该素雅一些，要与服装的颜色一致；如果你穿着的是深色单一的服装，可以选择临近色或同色系的彩妆搭配；如果穿着黑、灰、白颜色的服装，可以选择比较鲜艳、比较深、没有银光的彩妆来搭配。

　　如果你穿红色系有花纹图案的衣服时，可以选择图案中的主要色彩或同色系，但深浅不同的色彩来搭配；如果穿着有花纹图案的服装，其中主要色彩是蓝、绿色系，则可采用对比色或对比同色系的色彩。

除去外界的环境制约之外，化妆时自身需要注意几个问题：一是妆容要与个人的内在气质相吻合；二是妆容要与个人的年龄相吻合；三是选择色调时要与个人的肤色相吻合。

日常生活中，化妆的目的相当自由，可以随个人的意愿、审美情趣，运用多样的化妆手法进行自我塑造。一般来说，生活妆要讲究柔和，追求自然美。成功的生活化妆不宜过多地流露出化妆的痕迹。我们可以参照以下美学原则。

第一，注重整体美容效果。化妆要与女人整体的形象美统一起来，协调一致。因此，为了整体美容效果，有时需对某一部位做一些适当的修饰。比如稍稍修整一下眉形，你就可以改变原来脸形给人的印象。

第二，按照各人的职业、年龄、性格等特点以及不同的时间、场合来化妆。由于每个人的脸形、眼睛、发型、口、鼻都有一定的差异，所以美容化妆要力求反映自己独特的气质与风度。

初学化妆时要先了解生活化妆的步骤与方法，分别掌握好五官的化妆技巧。在取得一定经验后，就可以根据自己的脸形、发型、皮肤特点以及各种不同场合的需要，设计出适合自己特色的妆容。

第三，讲究化妆手法与技巧。生活美容化妆与舞台妆、戏剧妆有所不同，后者化妆比较浓艳，而前者讲究化妆后的自然美。所以在化妆中应力求柔和协调，尽力做到细施轻匀，既有形色渲染，又富于自然气息，使人难以看出明显的涂抹痕迹，特别是眼影、腮红等部位的涂染更要注意这一点。

职业女性的办公化妆在自身容貌的基础上，着重从形和色上给予适度的艺术夸张，以表现秀丽、典雅、干练、稳重的形象；但是，又需要讲求清新淡雅，不宜过分浓妆艳抹。尤其是如果妆容的底色涂抹过厚，会让上司感到你整日藏在一副面具之后。

职业妆化完之后，应均匀地涂抹定妆粉，保证面部无油腻感，又不失透明度，让面部显得更干净、清爽。另外，过分浓郁的香水味，会扰乱同事的工作情绪，影响工作场所的空气，因此在办公室中要避免使用。

在写字楼里，白领丽人的妆容都处于灯光辉映之下，所以，在化妆时，必须顾及光源的影响，才能让面容显得典雅得体、光彩照人。

普通的人工照明多采用白炽灯和日光灯，白炽灯即常见的钨丝灯泡，它的颜色会发黄、偏暖，在这样的光源照耀下，色彩也会随之变化：红黄颜色会变淡、变白，白颜色却会变红变黄，蓝、绿之类的颜色则会变得脏和黯淡。

办公室里更多的是采用日光灯，它的颜色偏蓝，偏冷，所以被它照射到的颜色也会随之发生相应的变化。红黄类的颜色会变得妖艳、明亮，黄棕类的颜色会变暗、变脏，蓝绿类的颜色则变浅、变白；本来在暖光中发闷的黑色在冷光下会显得透亮，甚至会发出淡淡的蓝色。

现在办公室中较普遍地使用节能灯，它们的颜色通常稍正常一些，色彩的变化相对来说显得不太明显。

职业女性在选用化妆品时，要尽可能地顾及上述的这些问题，选用不太容易受影响的色彩，既不过分炫目、刺激，也不过分含混模糊，能给人一种和谐、舒适、悦目、满足的美感。

粉底的色彩不要显得特别白，否则会使你的肤色失去原有的红润。腮红也不要过于明显，即便是稍微偏红一点，在日光灯下也会显得娇艳无比。不要追随流行的、色彩变化较为丰富的化妆形式，要尽可能地控制有色化妆品的使用量。

颜色上要以暖色调为主，为使肤色更明快，应选择粉红或橙红，而冷调的玫瑰色使人感觉妖艳，不合适在办公室中使用。较浓的眼影在办公室也是不适宜的，使用红茶色作眼线使人感到亲切，尤其是下眼线切忌使用纯黑色。

得体的职业妆容，使你即使穿行在光线变化不定的办公室中，都能随时保持一种典雅、得体的姿态，顺利地处理各种事务和人际关系，平易、干练的外表会让你得益匪浅。

在运动时，不少女人为了锦上添花而化妆，运动后由于出汗等原因，使"花容失色"；也有的女人素面朝天，却会因阳光照射等原因使皮肤受到伤害。那么，怎样的妆容才能达到既突显魅力又能护肤健身的目的呢？

运动时，面部化妆要自然，切忌明显的化妆痕迹。运动会使皮肤出汗并加快油脂分泌，使化妆品脱落，甚至造成毛孔阻塞。因此，运动妆应该根据运动量的大小、外部环境等因素确定化妆重点。总的来说，运动妆修饰的主要部分是眼部、唇部和底色。

配合金色的阳光和好心情，塑造柔和而富层次感的基础底色，是为运动妆加分的重要条件。运动时不宜上很厚的粉底，因毛孔易被汗液和粉尘阻塞，影响皮肤呼吸，如以液态粉底成分的隔离霜代替，不仅着色均匀、透气性好，又不会导致毛孔阻塞，更能透出肤色的亮丽质感。

若希望面部呈现一定的立体感，可在选择粉底液时，除肤色粉底外再加上一些深肤色的粉底，后者通常用在两侧下颌骨、颧骨及鼻侧等部位。两种粉底要相互糅合，中间无明显的界限，才能创造出脸部立体生动的效果。视运动情况还可再上一层蜜粉，这样可使面部保持干爽，看上去也更细嫩。

化妆时，除了根据个人情况和场所的不同外，都市女性还可参照自己的性格特征，为自己度身定造一种合适的、符合自己风格的妆容。

优雅的风格。如春风拂面一般，简约的妆容演绎的职业风情有着让人不可抗拒的力量。

化妆要点：脸部化妆要注意突出轮廓，眼影、腮红尽量不要用粉色系列，黑色的睫毛膏能让眼睛看起来既灵活又不失智慧。

明朗的风格。这种清澈的美丽只有在笑容里才能体现，而干净光滑的肌肤是它的最佳基地。

化妆要点：要有明朗的笑容，粉底的使用最为重要，比脸色稍微白一些的粉底能够提高整个脸部的亮度；另外，眉毛、眼睛、脸颊、嘴唇的化妆要干净利索，颜色差异不能太大。

灿烂的风格。健康是当今时代美丽的主旋律，小麦色肌肤加上一个灿烂的笑容，这种美丽即便是在冬日也能温暖身边每一个人。

化妆要点：用深色的粉底，让脸色回复到夏日的健康；用棕色的眼线笔，突出眼睛部位的轮廓；另外，晶莹的唇彩一定不可缺少。

纯净的风格。如一潭静静流淌的湖水，散发着诱惑却又不容轻易接近。因为她是那么干净，化妆干净，笑得干净，他人又怎么忍心去破坏呢？

化妆要点：头发尽量往上梳，露出整张脸；使用可使人显得沉静的棕色眼影，脸部颜色不应太多、太艳。

性感的风格。飞扬的发丝首先将人蛊惑，骄傲的眼神是在挑逗，也是在拒绝，似笑非笑，欲说还休！

化妆要点：此类化妆一定要大手笔，切忌小气！粗黑的眉毛，绚丽的眼影，亮彩的红唇。化妆经验不多的人，最好不要轻易尝试这种风格。

穿衣诀窍，让你变得更完美

任何一种女人，不论高矮胖瘦都有权利让自己显得美丽。如果一心只想着"等我瘦下来的时候，我要如何打扮"的话，那你可能永远都要穿得像个欧巴桑了。

现在，在等你变瘦、变得更完美之前，先来学习穿衣的技巧吧！下面就是几种体形缺点改变法：

第一，身形缺陷的女性。娇小的女性想显得较高挑，应该选择明暗度相似的色彩组合。

如：浅色外套里配相似色系的上衣、长裙；深色系外套里配浅色上衣；上衣及外套采用同一种中性色，而裙子袜子及鞋子则采用同一种深色系颜色；上衣及外套是同样的淡色系，裙子是深色系。此外，袜子的颜色与裙子相似，有拉长腿部的感觉。

珠圆玉润的矮小女性穿着法则是：线条简洁，偏深色系，质地无闪光；高领毛衣、直筒裤、A字裙可多多置办。

体形较大的女性的最佳款式是合身略带一点宽松的裁剪；衣着应以深色、图案以浅色为主，质地不要太厚重。

第二，脸颈缺陷的女性。大圆脸的弥补方法是，以裸露脖子的V

字领、U形领及方领改变视觉比例，让脸整个缩小，肩膀也不至太单薄；开领设计则可露出美丽锁骨。

脖子粗短忌穿套头衫，忌佩戴饰品；宜选择U形领的衣服，将脖子部分完全展现；想有天鹅般高贵的脖形，V字领是不错的选择。

第三，腰形缺陷的女性。腰粗的女性着装，在款式上，最适合的是裙摆处有细致花纹设计的A字裙，能模糊对腰部的注意力，但下摆不能太宽；最忌的是直筒设计与百褶裙。细褶使视线往两边扩展，更感腰部粗大。

在图案上，腰粗的女性应避免横向设计的图案。在腰带的使用上，太醒目的腰带会强化粗腰，尽量用上衣掩饰。A字短裙、合身直筒裤，鞋、裤、裙三者同色系对粗腰有遮掩作用。

长腰身的女性宜穿掐腰的上衣与合身的腰带、长窄裙、合身长裤，忌穿低腰裤裙与高筒靴。

第四，腿形缺陷的女性。萝卜腿的女性，最佳裙长是正盖过膝盖，最佳款式是直线条设计，忌穿大摆喇叭裙。

大腿粗壮的女性，最佳款式是直筒设计，贴身裁剪不仅不能让腿部修长，还会欲盖弥彰；忌穿大腿曲线一览无遗的弹性质地裙裤，它会将视线聚焦在大腿上。

小腿过细的女性多穿紧身短窄裙及膝裙和低腰中长裙，忌穿高腰直筒裤或长裙。

第五，胸围较大的女性。搭配质地较轻便的上衣，搭配较厚重的裙或裤，有调整身材的作用；剪裁适中、式样简单、无赘饰的中长或长上衣用于减轻上半身的分量，有袖及膝的套装用于平衡上下身；适合的色系是深色系，有收敛效果。

建议尽量穿着无接缝的莱卡胸衣，避免无谓的膨胀感。在姿态上要收臀、微微含胸。

如果你想要穿出修长的效果，可以搭配色彩、款式、质地、图案……以下就是几个小原则：

一是领口敞开使脖子显得细长；

二是合身的直筒裤使双腿修长；

三是过臀的长上衣藏起粗腰与小腹；

四是自然下垂的裙摆减少臀部的分量；

五是前开襟、单排扣比斜开襟显瘦；

六是最后是一个搭配的最佳黄金比例，长度至腰的上衣配及膝裙比例1比1；配长裤比例1比1.5。

服色之美，让你的人生绚丽多彩

世界因为色彩而美丽，无论是自然界各种事物，还是人类社会，都是由斑斓的色彩构成的，女人的美丽也是通过色彩展现出来的。

而一块好的布料就是一幅画，一件艺术作品。对服装色彩的调配水平的高低决定了这幅画水平的高低。

许多人面对亮丽耀眼、色彩纷呈的服装市场常常会发出这样的感叹："哪种颜色适合我？"由于对适合自己的色彩没有明确的概念，在模棱两可的情况下乱买一通，结果使衣橱越塞越满，可临出门前仍觉得没有衣服可穿。

杂乱无章的色彩，更无法穿出自己的风格。所谓适合自己的颜色，关键是适合自己的肤色，因此不能主观地认为哪种颜色不适合自己。与之相反，有的人一味地购买自己喜欢的颜色，殊不知喜欢的颜色不一定是适合自己的颜色，如果多做一些选择后明确了自己的色调，就会发现一个新的自我。

人有高矮、胖瘦之分，色彩有明暗、深淡、冷暖之别，服装穿着是否美观，与人的体形有很大关系，而服装色彩对修饰改变体形的弱点，更好地展现精神风貌起着重要作用。因此，对自己的体态特征有一个明确客观的认识，慎重选择服装色彩，才能穿着得体。

一般来说体形较肥胖宜选用富于收缩感的深色、冷调，使人看起来显得瘦些，产生苗条感。如果穿浅淡色调，脸上的阴影很淡，人就显得更胖了。

但是肌体细腻丰腴的女性，亮而暖的色调同样适宜。体形瘦削，服装色彩选用富有膨胀、扩张感的淡色，沉稳的暖色调，使之产生放大感，显得丰满一些，而不能着清冷的蓝绿色调或高明度的明暖色，那会显得单薄透明弱不禁风。

胖体和瘦体还可利用衣料的花色条纹来调节，横色条纹能使瘦体形横向舒展、延伸，变得稍丰满；竖色条纹能使胖体形直向上长，产生修长、苗条的感觉。

臀部过大的体形，上装用明色调，下装用暗色调，上下对照，突出上装，效果会好些；腿短的人，上装的色彩和图案比下装华丽显眼一些，或者选择统一色调的套装，也可以增加腿的长度。

正常体形，选用服装色彩的自由度要大得多，亮而暖的色彩显得俏丽多姿，暗调、冷色系也可搭配得冷峻迷人，选用流行色更加富于时代色彩。但是也必须考虑穿着的时间、场合、适合自己肤色，同时要讲究色彩与款式、饰物的搭配协调，注意上、下装色彩的组合搭配。

好的色彩搭配艺术，能够让人赏心悦目，然而不是任何一组色彩组合都是美的，只有恰当的色彩组合才能创造出多样化的美。服装色彩搭配艺术美的真谛在于和谐，即变化于统一之中。

首先要有主色调，力避杂乱无章。以一色为主，而它色辅之。一般来说，一个人身上最好不要超过三种颜色。通常是大面积的颜色为主色，一种为陪衬色，另一种为点缀。主色与陪衬色之间你中有我，我中有你，相互渗透，相得益彰。

主色调最好是明快、低彩、沉着、含蓄的中性色，配以局部的高明度色彩，从而达到点染融化、和谐统一的效果。

其次，服装色彩搭配采取调和、对比方法更能体现美的规律，如同色系配合。浅蓝上衣配深蓝裙裤，可给人以明朗统一之感。深红配浅红、深紫配浅紫、绿配暗绿可给人以柔和的感觉。

同色系配合要注意明度的掌握。明度差太小时会使服装有陈旧感，太大时又使人感到刺眼；对比色配合，如红与黑、黑与白，可收到鲜丽明快的效果。在服装色彩搭配中应注意以下几点：

第一，中轻色在上、重色在下比较稳定，反之别有头重脚轻之感。但如果搭配得当，重色在上，轻色在下也可达到飘逸活跃的效果。如女士夏季穿着一条悬垂性好的白色纱裙，配以宝石蓝、孔雀绿、淡粉红、红等色上衣则会产生飘然欲仙的感觉。

第二，服装的花料与素料相配时，素料应与花料的底色或花料的主花色色彩一致。一套服装上切忌用两种不同的花抖相配，除非这两种花料在色彩和花形中有着统一联系。

第三，切忌阶梯式的颜色搭配。如上身是深色，腰间是中色，下身是浅色，显得非常呆板；相反上身浅色逐渐深下去，也一样索然无味；也不可作相间式配搭，如上衣黑色，腰间白色，裙子、丝袜白色，鞋子黑色，这样会给人一种滑稽的感觉。

此外，在服装色彩搭配中，一定要把胸花、领带、丝巾、鞋袜等饰物通盘考虑进去，饰物往往起着画龙点睛、锦上添花的效果。

女人只要巧妙地运用服装色彩，便可以扬长避短，表现自己的"美点""，掩盖缺点。

一个懂得装扮的气质女人，在打扮自我的时候，不但重视自我存在，同时也会留意周围的环境条件，依照情境做适当的调整，这样才能用色彩打扮出真正的自我，使魅力得到充分展示。

每一双高跟鞋，都是女人一生追求

完美女人从头到脚都是美的，拥有一双光洁如玉的靓足更能体现一个女人的优雅气质。人的双脚在一生中平均要行走12.5万千米，每迈一步都要承受3至5倍于全身的重量。

所以，对这样辛勤劳动的双脚，没有理由忽视，更何况它们也是女人身上如此令人心醉的一部分。

平时在穿鞋袜之前，在脚上洒一点爽身粉，重点是在脚趾之间，这可以使双脚整天保持干燥，有助于防止如"香港脚"式的感染。

在睡觉前用清水冲洗双脚。对于极度疲劳的双脚，可以在热水中加入硼砂和浴盐各一汤勺，或者就用盐水洗脚，效果都不错。洗完后彻底擦干，特别是注意趾间部位，保持脚趾干燥可以防止真菌感染和鸡眼的产生。

　　浸泡后的双足的肥厚角质与皮茧已软化，可用足部磨砂膏轻轻地按摩，特别在脚踝、脚底角质比较厚的地方，可借用工具去除角质与老茧。

　　将剥落的皮屑擦干净后，再依脚部疲累状况，将足部乳液涂抹于脚背与脚底，重点还是长脚垫的部位。在脚跟部位，随脚垫层层生长，往往容易出现皲裂或深度裂沟，经常滋润脚跟部位可以防止裂纹的发生。

　　再以手指由脚背开始轻轻按摩，以松弛双脚，同时也能促进全身血液循环。如果你有长时间穿高跟鞋的习惯，最好一周能有一天不穿高跟鞋，让脚后跟、脚踝放松，没有压力，这样可以让血液循环良好，也能减少脚后跟变黑、变厚的概率。

　　在所有的服装配件中，鞋子可能是最特殊的。或许在每一个女人柔软的心灵深处，都没有办法忘怀童话中灰姑娘的水晶鞋，这种水晶鞋情节是如此可触可感。

　　在香港中环，那些严格遵守着装规则的写字楼小姐判断一个同性的品位和身份，不是看你腕上的名表，不是看你手中的手袋，而是看你脚下的鞋子。牌子、色彩、款式、材质……都可以成为衡量指标，小小一双鞋，就能泄露一个人的秘密。

　　各式各样的高跟鞋层出不穷，从大头鞋到厚底高跟鞋，再到如今的船形尖高跟鞋，无数痴迷于鞋的女人几乎每个式样都有一双。

　　女人对高跟鞋的爱恋，似乎是没有原因的，其实，女人可以找出一万个爱恋高跟鞋的理由，但是，有一个理由是永恒的，那就是高跟鞋让女人更有女人味儿，拥有挺拔的好体态，窈窕的好身材，又可以修饰小腿的美丽线条，高跟鞋增添了女人的骄傲，女人的心情也会随之妩媚妖娆，这些都成为女人义无反顾地选择高跟鞋的理由。

高跟鞋的美，演绎着几分幽雅、几分感性、几分端庄、几分成熟。鞋的款式千变万化，每一款都独具匠心，无不诠释着设计者的理念与奇思妙想。

当你钟情于一款鞋子，当你流连于它面前的时候，你是否在浮想联翩，编织了一个关于它的浪漫约会？一双鞋，一种风情，一个故事。岁月流转，让美丽的鞋子记录花样的年华，永远不变的，是美丽的心情。

美丽的新娘总是早早地就开始为自己物色婚宴穿的高跟鞋。作为新娘，女人的美，在那一天那一刻，绽放得那么精彩淋漓！精致华丽的高跟鞋必然是画龙点睛之笔，令美丽的女主角熠熠生辉！

耳饰之美，让你的侧身也魅力非凡

每一季的流行风掠过时，服装的款式、色彩都在悄悄地变化着。而唯一不变的是，女人用于搭配整体着装效果的饰品必不可少。这些饰品衬托着女性的百媚风姿、千般风韵，照亮着整个雍容华贵的女性世界。

个性、时尚、精致、完美、鲜活的生命力，都在女人点点滴滴的配饰中得到体现。同样的服装，穿在不同的人身上，诠释的就是不一样的个人修养和生活理念，而最能表现这种个性的就是二度创作的配饰。

美丽，一寸一寸地展示着，小小的耳垂当然也不能忽视。耳饰的那份纤巧、那份晶莹、那份细致、那份动感，或妩媚、或娴雅、或活泼、或成熟、或狂野，都不能不让女人心动。在女人众多的首饰中，耳环是最能协调脸型，使面部焕发光彩的首饰，它能够调整脸部的轮廓和线条，使脸形趋于完美。

佩戴耳环，首先是要自己喜欢，其次在于能够与个人脸形、发型、肤色、着装、气质和周围的环境等结合为一体，而达到最美好的装饰效果。

女人要根据自己的脸形选择耳饰，这是许多女人都忽视的一点，她们往往固执地认为自己最喜欢的也就是最适合自己的，但实际真正的效果也许并非那么回事。脸形较大的女人尽量不要用圆形的耳环，可以考虑选用比较大的几何形的，佩戴时紧贴耳朵。

脸形小的女人宜用中等大小的耳环，以长度不超过2厘米为佳；圆形脸的人，不宜佩戴圆形耳环，宜戴长而下垂的方形、三角形、水滴形耳环，塑造上下伸展的视觉效果，可使脸部变得秀美和俏丽；长形脸的人可佩戴圆耳环或大的耳环来调节面部形象，使脸部显得丰满动人。

方形脸的人宜选用椭圆形、花形、心形的耳环，这样可以使脸部棱角不明显，脸形也显得狭长；尖形脸的人宜选戴圆圈、圆边等款式的耳环；椭圆形脸的人的脸形较完美，几乎什么样的耳环都能佩戴，但要注意与自己的身材、发型、和服装相配合。

耳环要和发型相协调，才能更好地体现出耳饰的装饰效果。梳长直发的女人，宜佩戴长链子形的耳环，才可显示出淑女的风采，增加柔和婀娜的感觉；梳长辫式发型的女孩，宜戴悬垂式的钻石耳环；如果头发梳成髻或盘发，不妨戴白色或有色彩的大形耳环。

短发与精巧的耳钉，如卵形或菱形的耳环搭配，可衬托出女人的精明；不对称的发型与不对称的耳饰搭配，可使人赏心悦目；古典的发髻搭配吊坠式耳饰，使人显得优雅高贵。

另外，戴眼镜的女性不宜佩戴过大的耳饰，可选择小巧玲珑的耳钉、耳坠作点缀。

耳饰的色彩还要和肤色互相陪衬。金色的耳饰适合各种肤色的人佩戴；肤色较暗的人不宜佩戴过于明亮鲜艳的耳饰，而宜选择银白色，例如珍珠耳饰来掩饰肤色的暗淡；而皮肤白皙的女士，适合佩戴红色、棕色及其他较深色的耳饰。

耳饰的色彩应与着装色彩相协调，同一色系的调配可产生出和谐的美感。反差比较大的色彩搭配如果恰到好处，可使人显得充满动感。

耳饰的选择还应该与周围环境搭配。职业女性上班可佩戴简洁的耳饰搭配套装，既具有女性美，又显得端庄稳重；参加晚宴时适宜佩戴与礼服协调的真质耳饰，既华贵高雅，又具有女性魅力。

颈项上的风景，是女人另一道诱惑

珠珠翠翠，繁星点缀，只要有一星半点的颜色挂在细长的脖颈上，女人就会如天鹅般的优雅。据某摄影网站统计，在星光大道上99.9%的美女明星会带上项链。

项链，最能透露一个女人的审美取向。一个女人，不管脸部多么动人，而颈项处项链的过渡都是必不可少的，它体现了女人对自己整个形象的关注。

项链的选配也可以改变脸型，如果项链的选配合理，对于脖颈的长短粗细也能起到改变和协调的作用。项链的长短一般是根据脸型和脖子长短粗细来决定。

如果脖子比较细长，加上稍显长的脸，佩戴过于显得V形的项链，则会重复脸型的尖线条，因此不宜选用，建议选用宽的、短的或横条纹的项链进行修饰，它可以使面部线条柔和，这种对比会造成丰富的美感。

脖子长而形状和皮肤状态都比较好的人，可以走两个极端：色彩鲜艳的和色彩比较酷的彩金项链都是很好的搭配。

脖子短而脸肥胖的人，往往缺乏挺拔的感觉，戴上细细的、长长的项链或带有挂件的项链会使短脖子有被拉长的错觉。因为项链的"V"形线条能引起向下垂挂之感，可以使脸形看起来长一些。

圆形脸不宜戴项圈或者由圆珠串成的大项链，过多的圆线条不利于调整圆形脸型的视觉印象。如果佩戴长一点或带坠子的项链，可以利用项链垂挂所形成的"V"字形角度来增强脸与脖子的连贯性。也就是说，脖子的一部分与脸部相接，使脸部的视觉长度有所改变。

方形脸的人，如戴上一串漂亮的项链，可以缓和方形脸的线条。如果佩戴串珠项链，珠形应避免菱形或方形。

三角形脸的特征是额部窄小、下颌部宽大，可以采用长项链。长项链佩戴后所形成的倒三角形态，有利于改变下颌宽大的印象。

颈饰最配的服装是V字领，其次是比较大的圆领，然后是合身的高领。颈饰搭配比较尴尬的情况是领子和颈饰的边缘模糊不清或者有相交。

项链佩戴在脖子上，对脸型的衬托及视觉改观都会起一定的作用。利用这种视错觉的原理来正确选择和佩戴项链，便可以获得令人满意的效果。

丝巾，同样是一个美丽女人脖颈上不可缺少的饰品。丝巾以薄如羽翼、柔软如云的形态，拥有如水般的柔情，柔若无骨中优雅地显现了女性的柔媚，总在不经意间演绎无限风情，令人怦然心动。

不同色调、不同系法的丝巾，不仅表现了女人不同的身份，而且也表现了女人不同的审美趣味和文化内涵。飘曳于女人肩上的丝巾，宛如女人灵动的情绪，总在不经意间，轻轻流露。

丝绸的柔滑质感也颇令女人心怡，这种细腻的触感将女人的阴柔之美升华到了极致。正是这种欲语还休的妩媚，使丝巾成为永不凋零的时尚，无论春夏秋冬。

由繁华而走到返璞归真之境的"白领"女性、特别是中年女性，大多经历了大红大紫的心情，而趋向简约。她们选择衣装多为素色，如本白、靛蓝、褐赭等色，这是十分耐人寻味和咀嚼的色彩，不跳跃，不给人以猛然间的惑目，而带来那种积淀至深的稳定。这些怡心安神的服饰，若加上各色丝巾的巧妙缀饰，可谓动静皆得、亦收亦放，会使女人全身上下透射出宁静、向上的文化味。

正是这样，不同丝巾、不同系法所营造的迥异的艺术情调，像磁石一样吸引着追逐它的女性。丝巾的西部牛仔结、蝴蝶结、吉卜赛风格结、宴会丝巾项链、明扣或暗扣等，使精良、轻松、大方的服饰风范增添了深深的文化底蕴，从而显示出女人从容、知性、多情的个性和风采。

西部牛仔结：将小方丝巾折成三角形，向颈后围绕，两端交叉绕回颈前，穿进丝巾扣，将丝巾扣向上推至颈部，合上扣环，整理即成。若配以夹克装、运动装，则显得自由奔放。

花蝴蝶结：把长条形丝巾对折，绕颈部，将左右两端丝巾的中间部分穿过丝巾扣，向上拉出一定长度，合上扣环，整理成蝴蝶装即可。此款恰似起舞的花蝴蝶，搭配套装，妩媚动人。

宴会丝巾项链：将长条丝巾每隔6寸打结，绕达颈部，两端穿进丝巾扣，置于肩部合上扣环，则成为别致的丝巾项链；如再将珍珠项链绕于丝巾上，更能散发成熟女性的魅力，可配晚礼服、旗袍，尽显高贵气质。

选择丝巾结法时，在色彩、款式方面不能太随意，一旦搭配不好就会显得极不和谐。以下选取几款富于文化意趣的装扮样式。

一条长方形枣红色碎花真丝巾，可使灰色衣装跳动灵性，加深绵长的文化意味；一件披领赭色大衣，若搭配一条四方的玫红底色淡白色花型的丝巾，在领口正中或稍向旁作结，则会使人显得含蓄、大气。

把一条红色带橘红色花图案的丝巾，绕颈于胸前交叉，两头穿过肋下在背后打了个结，披上外套，独特的个人时尚就会栩栩如生地立于眼前；善于创造的女孩，若在腮下两边用纯白丝巾于颈上扎两朵娇气十足的蔷薇花，一位令人惊叹的无暇、纯情少女形象便笑盈盈地出现。

个性外向又机敏的女孩，多买几块五彩斑斓的小方巾，选边长32至40厘米的，然后叠成"冬帽"，民俗化、抽象化乃至后现代派的喷染工艺会给"顶上风景"带来意外的惊喜。

富于艺术直觉的女性，要选择那种带有清幽香气的高级丝巾，时时让香熏飘动。

围巾，一样也是脖颈上不可忽视的存在。一条普通的长围巾配不同的服装和不同的佩戴方法，会戴出不同的感受，从而尽显女人独特的魅力。

代替大衣披在肩上。戴上羊毛质地的围巾，即使天气再冷也会很温暖。围巾只是简单地披在肩上，不需要什么特殊技巧，走起路来让你充满自信，在寒冷的初春更显十分活跃气息。

对折系上。对折，然后把一端穿过另一端即可，围巾的两头不要一样长，有一点距离看起来会更好一些。

简单地挂在肩上。把围巾随意地，不加修饰地搭在肩上，能给人留下优雅的印象。这种看似简单的方法其实并不简单，要想围巾在肩上披得自然，也要下一番苦心，此种方法比较适合搭配瘦腿裤和紧身裙。

从脖子上垂下。这种方式能给人以自然成熟的印象，穿正统的套装或是立领的大衣时，采用此种方法，更能突出服装的稳重与干练。

拧着系在脖子上。这种式样更显出女人的聪明与智慧，把围巾拧起来系在脖子上，系的结放在侧面，围巾的两侧要前后分开，更显你的聪慧秀雅，头发最好束起来。

脸色好的女孩，可选择白色、奶油色、黄色、淡粉色等暖色调的围巾。相反，蓝色、薄荷绿等冷色调的颜色比较适合面色不太好的人。另外，灰色、茶色、米黄色等基本色往往适合搭配同色系的服装，使你全身充满生气。

第二章
千娇百媚，绽放女人魅力之花

　　有人说，女人是天生为美丽而生的动物。就像自然界中有千姿百态的花卉一样，生活中的女人也是千娇百媚，然而很多女人还是觉得自己和心目中理想的美丽有差距，这就需要女人们懂得如何"略施心计"，懂得如何用自己的形体姿态，让自己离美丽更近一点，绽放属于自己的魅力之花。

女人的魅力，让自己变得更完美

　　魅力是一种能量，是女性由内而外散发出来的气质。容貌、服饰、身体是魅力的外形，而学识、阅历、修养则是魅力的内涵，一个有智慧的女人，懂得用魅力放大生命，不断充实自己的美丽！

　　走在街上，漂亮的女人到处都是，但如过眼云烟，转瞬即忘；而有的女人虽不漂亮，却有摄魂的惊艳，令人驻足回眸，难以忘怀；这是因为她有独特的武器，魅力。

　　在这个张扬个性的时代，长得漂亮不如活得漂亮，而有魅力、有自信的女人已成为新女性的代名词。女人在不同的年龄段都有特定的魅力：20岁的清新，30岁的含蓄，40岁的豁达，50岁的精炼。美，不能仅仅局限于外表，因为外表的美是肤浅的，只有内在的美，才是深刻的。

　　作为一个女人，无论她漂亮与否，都希望自己有魅力，得到别人对她的赞美。美丽的容颜是老天的恩赐，而魅力并不是生来俱有的，它是后天打造和雕饰的结果。女人都想使自己有魅力，富有内涵，风采可人。那么，魅力女人是什么样的呢？

　　女人的魅力绝不仅仅指容貌上的修饰，也应该包括知识修养层面的。台湾名人李敖曾把女人爱美归纳了三个境界：第一个境界是化出来的美，没事常跑跑美容院；第二个境界是吃睡出来的美，改善饮食，保证睡眠；第三个境界是学出来的美，多读书，多积累知识，让美从内心里渗透出来。女人要保持长久不衰的魅力只有多读书，读好书，不断完善自己，提高自己的综合素养。

外貌靓丽的女人让男人眼动，内在丰富的女人让男人心动。外貌与内在完美的女人让男人激动。让男人激动的女人则是有魅力的女人。女人因拥有美丽而幸福，因有魅力而骄傲。

伯顿说："女人身上有某种超越所有人间之乐的东西：富有魅力的美德令人销魂的气质，神秘而有力的动机。"魅力是女人身上开出的一朵花。有了她，你无须再有其他的东西；缺少它，你就是优点再多也聊同于无。

生命应该是快乐的，如同鲜花的绽放，散发迷人的芳香。女人应该善于发现生命的意义，让女性的魅力之花在生命中绽放。有智慧的女人懂得培养自己的魅力，因为她们知道魅力的真正含义，更明白女人的内涵。当女人充分施展自己容颜、形体、装扮和风度等各个层面的魅力时，生命就被放大充实而丰盈了。

那么，如何才能成为魅力女人呢？当然，做个魅力女人并不是遥不可及的梦想。女人们都应该知道靳羽西，这个时代感极强、富有代表性的魅力女人，她幸运地接受了东西方文化的教育和熏陶，开创了一番女人的事业。

羽西的成功不仅仅是"用一只口红改变了中国女人的形象"，还在于她在特定的年代里成为启蒙中国女性魅力的一个标志性人物。羽西在《魅力何来》一书中，把魅力分为容貌魅力、形体魅力、装扮魅力、风度魅力四种不同层次的魅力。一个成功的女人懂得尽善尽美的展现自己的魅力。

第一，容貌魅力，可以理解为外貌的魅力。所有的女人都爱美，她们为了让自己变得更美而付出了很多时间和精力：化妆、染发、服饰、减肥、美体等等。但是现实生活中还有很多不注重个人形象的女人，她们肤色暗淡、头发杂乱、形体松懈，既然爱美是女人的天性，为什么这些女人不懂得修饰自己呢？原因主要有两个：

一是这些女人还没有真正认识到美和魅力是和谐统一的；二是可能这些女人在潜意识里失去了对美和魅力的兴趣，比如说那些已经结婚的女人就在无意识间远离了美丽甚至放弃了对美丽的追求。

在《泰坦尼克号》中有一句经典台词："享受生活每一天。"这句话用在女人对美的追求上也同样适用，一个热爱生活的女人，应该追求女人的美与魅力，应该懂得享受生活享受生命，而这种追求就是从对容貌魅力的打造开始。

第二，形体魅力的修养，可以通过舞蹈、音乐、表演等艺术方面的学习和训练课程来实现，通过这些特殊的训练可以使自己的体型日渐完美。

一位法国美容专家这样说过："不要小看一个能够长久保持优美身材的女人，这通常是一个顽强和很有自制力的女人。"女人美丽的身影不仅仅是形体和漂亮的问题，这些只是表面现象，在这背后还有更深刻的内涵，那就是女性坚强的性格和坚韧的毅力，因为在塑造体型的过程中，女人首先要有长期坚持的精神。

此外，良好体型在塑造之后并不能长期保持，这是一个不断巩固的过程，更是营养膳食和运动修养共同结合才能达到的结果。

第三，装扮魅力，主要是穿衣品味和色彩的搭配。这是女人形象从平凡到美丽的转化秘密，化妆学上根据每个女人与生俱来的肤色、瞳孔颜色和发色等因素，将色彩分为"春、夏、秋、冬"四大色系，而每个色系都有属于自己的几十种颜色，女人在大色系的众多颜色中，可以选择适合自己的颜色和样式，但是有一个底线不能超越，否则就会黯然失色。

对于女人来讲，没有不漂亮的衣服，只有不漂亮的色彩搭配，只要掌握色彩搭配的理论，女人就不会再有衣橱里缺少适合衣服的苦恼。

合适的色彩搭配不仅体现女人的美丽大方，还会展示女人自身的品位，因此女人在色彩搭配问题上，首先应该了解自己的气质特征，在此基础上再选择衣服来搭配自己。做到真正的对号入座，当衣服、色彩和自身达到完美而和谐的统一时，女人真正的魅力就得到了真正的展现。

第四，风度魅力，是女人教养和内涵的体现，教养是善待他人和自己。一个有教养的女人，能够认真地关注他人，真诚地倾听他人，真实地感受他人，在尊重别人的同时也赢得了别人的尊重。

教养并不是很高的标准，也不是空洞无物，更不是理论上了高谈阔论，而是体现在一些细小甚至琐碎的生活细节中，比如不会在公共场合大声喧哗、使用公共厕所主动冲水，在无人看管的室外公共区域不随意丢弃废物。所谓的"勿以善小而不为"就是这个道理。

当女人能够在日常的生活中注意这些细节时，就已经具备了女人的风度。真正的教养是发自内心的，而不是做表面文章，更不是做给别人看。真正的教养源自一颗热爱自己和热爱他人的心灵，"己所不欲，勿施于人"就是对"教养"的最好诠释。一个人的教养和她的习惯是紧密相连的，坚持一种良好的习惯就会养成一种自觉的行动，而这种行动的内化就是教养。

因此，要成为一个有教养的女人，首先从培养良好的习惯开始。一个有教养的女人绝对是一个有风度的女人，能够使人感到如沐春风，感觉女人的风度魅力无时不在。

每一个女人都可能使自己有魅力而美丽动人。当然这是个漫长的修炼与积累过程，只要不断地学习和补充，相信每一个女人都会成为一道靓丽的风景，散发出迷人的风采。

细节之美，如花瓣间诱人的芳香

聪明的女人是注重细节的女人。细节女人具有一种耐人寻味的美。这种美与外貌无关，你可以从一个做玩具的小女孩身上看到，你也会从一个把自己的白发修饰得整齐美观的老妪身上看到，你可以从一个家境富裕的女人身上看到，同样也可以从寒门陋巷的女人身上看到。

聪明女人的词典里：一个注重细节的女人才是真正懂得享受生活的人，细节创造一切，人们会由女人身上的每个细节联想到：她是一个注重生活品位的人，她有雅致的情调，她懂得自己。细节决定女人的美丽、品味、健康。

有时一个人的一个细节行为便能改变一个人的命运。因为人在生活中的细节可以看出一个人的内涵、智慧、修养、气质以及对人生的态度。如果你想做个美丽的女人，请千万注意你生活的一言一行，一举一动；因为别人会从这些细节中发现你的心灵是否同外表一致。内外兼修，注重细节的女人才是真正美丽的女人。

细节，往往最容易被人忽视。然而，就是这种细节，看在眼里，便是风景；握在掌心，便是花朵；攘在怀里，便是阳光。

站在细节处，你可以眺望到一种精神，一份豁达。在熟视无睹的细节里，往往深藏着文明的底蕴，闪烁着人性的关爱，透射着生命的感恩，浸润着真爱的芳香。

生活中爱的细节俯拾皆是，只要我们留意一下，怀着一颗感激的心，就会处处沐浴着爱的阳光。恋爱的时候，恋人的一个眼神，一次牵手，一丝微笑，一点点细微的举动，都会被对方发现，都能令对方心醉。

这样的细节是如此的温情，牵动了人性最柔软的情感，就像冬天的一杯热茶，将冰凉的手指一点点摩挲温热了，心也跟着热了起来，要滴出感恩的泪水来。

有时，细节是一粒随风而来的种子，即使落在荒废的花盆里，仍会发出灿烂的芽来。有时，细节是生活最柔软、最鲜活、最感性的一部分，没有了细节，一个人的生命就成了坚硬的岩石，荒凉的大漠。

生活丰富绚烂的一面，永远在那些会盛开细节之花，也善于用心捕捉细节之鱼的人那里，温情脉脉地缠绵着。

细节让我们的生活更美，深山藏古寺的细节，源于山下挑水的和尚；春风得意马蹄疾的美感，源于蹄边纷飞的彩蝶；诗意的美感在细节上大放光彩；把握生活的细节，我们可以体会到更多美丽，增强幸福的指数；我们可以更懂得爱的付出，积累我们人格的崇高，让我们社会更美更和谐。

只要大家用心做一个喜欢细节的人，那么，你的心灵常常会越过全局停留在细微之处，就像一只小鸟迅捷地飞过浩大的天宇，怡然地落在一根开满了细碎小花的褐色枝条上。细节是丰收过的果园里遗落的那只果子，在你不怀任何期待的时候，一抬头便看见了它。

细节影响品质，细节体现品位，细节显示差异，细节决定成功，细节的力量就是"润物细无声"。

细节无处不在，关键在于捕捉细节的眼睛。女人的美丽通常都在细节。那种翩若惊鸿的美只能在刹那间震慑人们的目光，而细节处才能散发出动人的光辉。

因为懂得细节的女人都是善于感受生活的人，当许多人都在抱怨生活里缺少新鲜的时候，她们的生活却过得有滋有味。因为她们能够欣赏细节，从不忽视生活的每一个细节。

曾经有人说过，女人二十岁的美丽不算美丽，到了五十岁依然美丽的女人才是真正的美丽。其实，这种美丽已经不是单纯的"以貌取人"了，更多的倒是没有被生活磨蚀掉的风采和体味生活的敏感之心。

当然，细节女人指的绝不是那些琐碎的、絮叨的、毫无章法的女人。相反，她们对生活的每一个层面都讲求质量。她们细致典雅，或许并不富有，或许外表也并不十分漂亮，但是，她们给人一种很舒适的感觉，跟她们待久了，你会感到一种通体的舒适和温暖。

细节女人也不会给人带来压力，她们不可能是那种张牙舞爪的女人，不会咄咄逼人；相反，她们会替人想得很周全，即使在她们帮助别人的时候，也绝不会让你有任何的不舒服或者别扭的感觉，她们既给你关爱，同时绝不让你感到尴尬，这种深入到细节的关爱会使你有如沐春风之感。

细节女人很耐看，无论从大处还是从细节，着装让人不敢挑剔，鞋子永远是干净的，袖口永远是干净的，甚至，那个装饰用的发夹也别出心裁，让人感到自然清新。

细节女人很干净，干净到你不忍去玷污她所有的一切，走近她，你会闻到一股淡淡的香气，或者是洗发水，或者是手霜，或者是特别的香水，或者，是各种淡淡的香气的融合，让你感到惬意，感到温馨。她的皮包里有抽不完的面巾纸，会在你正当窘迫或者手掏进衣袋里拿不出手帕的时候，轻轻递给你一张纸巾，让你涌动些许的感激。

细节女人很温柔，因为细心，她能敏感地洞察你的心思，能为你考虑一切，能够耐心地为你准备所需的物品，无微不至的照顾就是温柔的一种表现。

细节女人会在你心烦的时候，默默地陪在你身边，给你泡杯清茶，煮点咖啡，给你递个毛巾，然后，远远地关注着你，不惊动你的思考和焦虑。你快乐的时候，她会微笑着分享你的快乐，那种从容让你会感到自己的兴奋是否过了头，从而慢慢冷却下来，恢复平静的状态。

细节女人有自己的经历，她有自己的故事，却总神秘地藏住一切，让你总感到她的神秘，猜不到她的背后有多少故事，她会在不经意的时候提起自己的一点往事，叙说着如同讲述别人的故事，给你一点启迪，一点感慨，让你忽然发现身边的宝藏，让你感受生活的不易。

小事成就大事，细节成就完美。生活中就是因为这些小小的不经意，造就了一群懂得细节的女人。而这些注意抓住细节、细心做人处世的人，却往往获得不经意的成功。只有深入细节中去，才能从细节中获得回报。

细节是一种创造，细节是一种动力，细节表现修养，细节深含艺术，细节产生效益，细节带来成功。做一个细节之美的女人比做一个面容美的女人更容易长久地房获男人的心。作为一个聪明女人，她一定知晓细节之美就是如此重要。

有格调的性感，让你风情万种

任何女人都希望自己性感迷人而风情万种，可性感在"度"的问题上确是一个必须把握好的问题。男人喜欢性感的女人，然而过犹不及，过分的性感并非好事，太性感的女人非但不会让男人感到赏心悦目，反而会让男人感到恐惧。因此，有智慧的女人会把握一个合适的"度"，把自己打造得性感而不越位。

有人曾说，一个完美优秀的女人不能缺少感性，否则就谈不上可爱；也不能缺乏性感，否则就不是女人。当一个女人学会性感，她才是一个有血有肉的真实女人。

当女人爱上男人，最美好的表达是用撩人的性感来回复他的宠爱。而性感是一种高超的技艺，有的自天成，但更多的时候要借助服饰来传递，把握好暴露的尺度，给他惊喜，收获满满的宠爱。

很多女人认为，衣服穿得少、穿得透就是性感，其实这是对性感认识的一个误区，真正的性感是一种高明地表现自己的形式，是一种女人的意境和情调。

女人的性感是应该不越位的，是一种情调、一种气质、一种品味，更是一种神秘而不可言喻的意境。性感也有很多种类，然而不论是含蓄的性感、青春的性感、成熟的性感还是妩媚的性感，女人因为性感变得美妙而风情万种，而完美女人的性感是不越位的性感，是一种艺术的情调。

好莱坞大美人苏菲·罗兰，曾经用心良苦地告诉全世界女人一个真理：穿得若隐若现，比脱光对男人更有吸引力。要记住，女人的性感并不等于肉感，太张扬地搔首弄姿，总比不上媚在眼角的让人过目不忘。半抱琵琶半遮面，才更撩人。

性感，不单只有美丽、丰满、野性的女人才性感得起。最耐人寻味的性感从来都是超越视觉和先天因素的，需要你靠后天一点一滴地经营。女人的性感指数，可以外表、内涵、肢体语言、言语与自信等几种层面来打造。只要能熟练地掌握其中一项，在男人眼中，就算不是国色天香，也是个性感女神。

性感艳星舒淇说："每个人对性感的理解可能都不相同，性感也不一定和漂亮的脸蛋有关系，有的人可能认为自己的小腿性感，而我觉得我的嘴巴很性感。"

性感和美貌没有关系，最重要的是你要知道如何去性感，什么样的性感才适合自己。

你可以做以下的尝试：偶尔穿上性感内衣，在电话中调情，以你性感的声音去刺激他，写一封热辣辣的情书……去引发他的想象力，会有意想不到的效果哦。

很多女性把肉感当作性感，选择穿暴露的衣服，或者刻意地表现性感、张扬的搔首弄姿，殊不知富有美感、洋溢着情调的性感，才是真正杀人于无形的"骨子里的性感"。

女人的性感有境界的高下之分，一种是表面的性感，这种性感只是引起人的生理冲动，是一种媚俗的性感；另一种是自身散发的性感，这种性感是女人气质的外在体现，是诱人遐想的优雅的性感。

女性的身体上有很多性感特区，如耳垂、肩膀、锁骨、后颈、手臂、脚踝等，因此，有智慧的女人们应该学会利用这些部位。例如在脚踝上佩戴一条精致的脚链或者一条细小红绳、在耳垂挂一对个性的大耳环或小圆圈、在手臂上带个臂环或印个娇小刺青，等等都能增加女人的性感指数。

女性的脚踝及脚部早已被性学专家公认为是女性身体上最重要的性感标志。因此，在炎炎夏日，可以选择样式各异的凉鞋作为张显腿部性感的有效武器。

当男性凝望着你穿着凉鞋裸露的脚踝，以及风吹杨柳的婀娜姿态时，你不妨矜持地冲他微笑，让你更加娇媚动人。

有"心计"的女人还懂得利用"异域情调"，异域情调中那种奇异、野性、神秘的异乡味道会让你成为众人眼球关注的对象。女性增添异域情调最简单的方法是穿戴一点富有民族特色的衣服或者首饰、甚至是留一头直到腰际的乌黑长发。

当然，这些只是表面，真正的异域情调是一种内在的气质，这种气质的培养就是让自己多一些游历经验，或是干脆抽出一点时间去流浪。阅历能让女人变得充满活力、

成熟、而有魅力，一个有丰富阅历而略带沧桑的女人，会让男人感受到女人内涵的丰厚！

俗话说"人靠衣装，美靠靓装"，即使是天生丽质的女人，如果不会打扮同样也不会漂亮，美丽的女人常常是那些懂得装扮自己的女人。

心理学研究揭示，男人心目中的女性性感，除了充满自信、懂幽默、爱浪漫、刺激及冒险等发自女性本身的重要特征外，还有包括一些比较虚无抽象的元素，例如很多男人就把神秘感看作是一个重要的

性感元素。在电影史上被称为性感明星的玛丽莲·梦露，就得益于她深不可测的神秘眼神。

女性的性感魅力，除了不夸张的外表性感之外，还应该懂得根据自己本身的特性和后天的条件来展示自己的格调与风范，在了解自己的基础上，恰到好处地利用自己的思想、性格、内涵、外貌、气质以及经历等因素的共同作用来塑造出自己的独特风格。

这种风格散发着性感的魅力，而这种性感正好体现女性的品位和情调。相信有"心计"的聪明女人懂得如何把握自己，塑造自己的性感风格。

表情美，是最灵性的动态美

表情美是人的仪表美的动态表征，它是静态表征的情感活化。人的表情美主要包括眼睛表情美、脸部表情美和手势表情美。

第一，眼睛表情美。眼睛是心灵的窗户，最会"说话"的器官莫过于眼睛。现实生活中人们几乎无时不在用眼睛传达自己的思想感情。那么，眼睛的表情怎样才算美呢？

一是灵活。灵活，表现为思维敏捷的反应，是青春活力的表现，是生命力的象征，在灵活的眼睛里，可以看到生命的节奏，它会给人以一种流动的美感。

从美感的外部表现看，灵活的眼睛具有美的节奏感。这包括眼睛的转动范围和转动频率。

二是明亮。明亮包括眼睛的明澈性和光亮度。明澈性是指眼睛的明亮与清澈。孩子们的眼睛就像一湾清水，明澈见底，没有掩盖、没有伪饰、没有愁云、没有迷惘，真可使人一览无遗。

所以，明澈的眼睛是童贞的表现，它给人一种清晰美感。清晰，可窥见纯洁、可窥见雅美，可感到脱去一切物质负累的轻松，可感到勃勃跳动着的生命。

女性要获得眼睛的表情美，注意不要斜视、俯视、渺视、久视等体现轻蔑、傲慢、不屑一顾、轻浮等不礼貌的用语。要达到这一点，除了表现的技巧外，加强文化、品德修养是更为重要的。同时还要注意如下细节：

一是向所爱的人传递信息时，迅速调整好自己的心态，然后让自己的目光定格在身边一些美丽的事物，比如鲜艳的花朵、蓝蓝的天空、碧蓝的大海等。

待你的心情、目光都调节在最佳状态了，你就可以大方地将目光渐渐向他靠拢，然后捉牢他的目光。你要切记，一定不能临阵脱逃，只有大方的目光才能百发百中，一下穿透他的心。畏缩、小气的目光往往换来的是对方的轻视。

当你放松、大方、柔柔地迎到了他的目光时，赶快再添上一个最性感的微笑，让自投"罗网"的他隐隐觉得你为了这样的双目碰撞简直费尽了心思。

这时，应注意的是千万不要触及一下对方目光便转移开来，你要让这苦心经营起来的目光粘连衔接在四五秒钟左右，趁他还迷惘的时候，你要加大"电力"穿透他的含糊目光，一直探进他的心底。

在他突然反应过来时，你的暗示已经让他察觉了，同时你的一切已经十分美好地留在他的心里，但是现在还不是你撤下火线的时候，可别扬扬得意，一定要留下将来联系的一个理由，至此，爱的开端已经完美地营建起来了！

开朗、勇敢者的眼神炽热、火辣，穿透力强，而且时间长久，可能会超过四五秒。当然，千万不要让别人认为你是个色鬼。

在你发觉他的目光时，略低下头。然后再抬起眼皮试探性地睐他一眼。如果那里面充溢着欲言又止、千转百回的感慨，这时，你不妨牢牢地接住他的目光，鼓励他走进你的心里。

如果你觉得对方的目光荡坦真诚，同时你还会觉得对方的笑容是那么自然、温暖，仿佛自己找到了一直想寻找的境界。碰上这样的目光，你一定舍不得将它们剥离开，而想如何永远拥有这温情的时刻。如果你对拥有那样目光的人有好感，那就不要错过这千载难遇的机会了。

如果对方一触及你的目光，便会挪开你的眼部去打量你的眉毛、嘴唇或头发，这说明他并不关注你的内心需求，只是对你持一个欣赏的态度，而且这种目光多为已婚异性。

如果对方目光粘上你时，你会觉得浑身不自在，像被毛毛虫叮了一下，如果再配上同样不自然的笑容，那么千万别理会他。万一他不肯罢休，仍用那种目光苦缠不休，同时还伴有一些不堪入耳的言语，那就快躲避他。

二是以眼传送信息要选择时机。在你用眼睛给对方传递信息时，一定要选择时机，比如在职位晋升、身体不适、情绪波动……此时别人接受讯号一定会比平时灵敏得多。

因为这时他们会十分想让别人一起来分享他的感觉，如果你"特意"的目光被他的那种"灵敏"接收到，他会用24小时去分析你的暗示的。

另外，以眼传情时还要选择最佳环境，在空气清新、鸟语花香的环境里，你的目中情人也会有一个美梦酝酿，如果聪明的你把握牢了，那么这个眼神80%是有回报的，他很可能趁机报之以美玉，还一个让你如饮醇酒的惊喜。

第二，脸部表情美。其脸能"说话"，人的喜怒哀乐都可以从脸上看得出来。太"硬"或太"软"，板起面孔和媚笑，都会使人感到不舒服，这实际上也是脸部表情的度。所以，脸部的软硬以适宜为度，以体现和谐为美的原则。具体说来就是：

一是自然明朗。自然明朗不要做作，不要在脸上堆砌表情，不要夸饰，要给人以自然和明朗的感觉。

二是轻松柔和。轻松柔和始终能给人一种美的感觉。但对长、方脸的人来说，要注意多一些微笑，因为微笑可使面部肌肉出现某种曲线，中和脸上过多的直线，起到软化脸型的作用，让人看起来轻松柔和，感到温暖舒服。

三是大方宁静。不要人为地去追求表情，不要作大跨度的夸张或娇娇滴滴的伪饰。人的表情与打扮一样，要求其大方宁静，以得体为美。

第三，手势表情美。是指人们在谈话时常用手势来表达感情。它是一种无声的语言，使用得当，会丰富人的表情。那么，怎样的手势才算美呢？

一是简洁明确。简洁是出现的频率。手势宜少不宜多，而且要与人的语言相辉映。切不可过多使用手势，甚至手舞足蹈，更不要使用让人无法理解的手势。

二是大小适度。除非演讲等表演场合，手势的活动限度要大小适度。太大，会给人做作的感觉；太小，又使人觉得猥琐。所谓落落大方，从手势的角度看就是大小适度。因此，手势的大小并不绝对与决心、力量成正比。

三是静动结合。如果没有必要，不要使用手势，静态的手势仍然可以表述人的感情。不要做一些无意识或下意识的手势，这很不雅观。如你与人交谈时，老是无意识地搓手，会令对方感到不安。手势的美就在静动有序，静中有动，只有静动的交替与恰当的搭配才给人美感。

四是自然亲切。自然要如行云流水，明丽天成。不要刻意模仿别人的动作，一个人的手势是表情美的有机组成部分，对某人是美的，硬移到他人身上就不一定美。

相反，有时恰恰破坏了自身的和谐，从而肢解了完整的形象。手势的亲切感往往取决于时间与线条。稍稍慢一些的手势会使人感到亲切，手势的轨迹是曲线的就会使人感到软一些，亲切一些。只有自然亲切，才会给人和蔼可亲的美感。

此外，得体的手势也要看具体的场合和对象。不同的交往对象和场合，如长者、异性、婚丧场合等要讲究不同的手势速度、范围和轨迹。

姿势，展现女人的丰姿之美

姿态对容貌具有很强的影响的，有些女性在脸的化妆上、发型的设计上花很多心思，对于服装也非常注意讲究。当她们修饰完毕，站在穿衣镜前一照的时候，她们对自己的容貌，感到是欣赏极了。真的，许多太太小姐们，长得很美，加上善于打扮，她们的容貌真是非常迷人的。

只可惜的是，有许多美丽的女性却不知道，当她们离开了穿衣镜之后，她们便开始用各种动作来破坏自己的美丽了。

姿势美是非常重要的，因为姿势美有一种说不出来的迷人魔力。一个相貌平平的女孩，如果能有美丽的姿势和风度，她在交际场合便可以发挥无穷的魅力。要改正你错误的姿势，首先要记住下面六个要点：

第一，头部动作。应把头部伸高，从后颈部着力往上伸。不过，要注意的是：当你把头向上伸的时候，千万不要翘起下巴，仰起脸来，脸是要正视前面的。

第二，肩部动作。使肩部放松，让它自然地垂下。当你垂下肩膀的时候，应该使肩膀的外缘向左右下垂，不要让肩膀向前垂下，我要提醒你垂下肩膀，因为平常女性很容易犯耸肩的毛病的。只要心情一紧张，女性便常常不自觉地让肩部紧张地耸起。

第三，胸部动作。让整个胸部，包括全副肋骨，自然地升起。当你要挺起胸部的时候，绝不是把胸部硬挺起来，而是从腰部开始，连同脊骨到颈骨，尽量向上伸。这样一做，你自然会得到一个平坦的腹部，和比较宽广的胸部了。

第四，腹部动作。使腹部往里收缩。关于收缩腹部，可以经常做这个练习。靠墙站着，使你的整个脚骨、脚跟、肩部、头全部贴着墙，然后，用力收缩腹部肌肉，维持这姿势大约经10到20秒钟左右，然后放松休息。

经常做这种练习，可以增强腹部肌肉的力量。

第五，臀部动作。使臀部往里收缩。关于收缩臀部，你可以试着用双手按着腹部，然后，让你的盆骨整个向上或向前移。这时你可以感觉到你的盆骨就像整个箱子一样，从你的手下向前移动的。

第六，脚步动作。走路的时候，要让你的重心随着那移动着的脚，不断过渡到前面去，不要让重心停留在后脚。要使重心在走路的时候很自然地向前移动，也有一个简易的办法。

记住，每步路都从胸膛开始向前移，千万不要让你整只腿独自伸向前。如果你的脚比你的上身先向前移动，姿势便很难看了。

最后，后脚掌要怎样才能顺利地把重心推向前呢？很简单，你想象你的步伐流利得像气流，像水流一样，重心不停地移向前面，绝不在地面作片刻的逗留。这个想象，加上上面七个要领，你走起路来，便又轻盈了。

此外，如果你走路有东歪西斜的毛病。那么，你放一根绳子，在房子当中，练习着顺着绳子往前走，使每个脚印都可以连成直线，每个步子都稳定而平均。

如果你能遵守上面各个要领，你便会立刻变成一个散发出迷人力量的女性，即使你穿上平凡的衣服，你的脸也没有太着意去修饰，可是看见你、接触你的人，都会觉得你很可爱。

可是，可爱在哪里呢？他们往往说不出来，他们不知道，这其中的秘密完全在你的姿态里。

这种走路姿势，还有一个很好的优点，它使你不知不觉，经常作深长的呼吸，用不着再别做深呼吸运动。

你早知道，深呼吸是很重要的。不断供应大量新鲜空气，不但增强人的精力，还会使你的双颊透出可爱的红晕。

"坐"个风姿绰约的女人

坐姿是一种艺术，坐姿不好，直接影响到一个人的形象。对于女人来说，这一点尤为重要。因为它决定着你是一位高贵优雅的"女神"，还是一个缺乏教养的女人。

在各种场合，都要力求坐得端正、稳重、温文尔雅，这是坐姿的最基本要求。

坐姿如何，是影响社交的一大要素。虽然，对于一般女性不宜用"坐如钟"来一律强求，但坐姿不端，在别人的心目中会留下一个不好的印象。

坐是以臀部作支点，借此减轻脚部对人体的支撑力。坐能使人们较长时间的工作，也是人们日常生活、社交中常用姿势之一。因此，端庄、优雅、舒适的坐姿很重要，而且良好的坐姿对保持健美的体型也大有益处。那么，什么样的坐姿可使女性稳重、端庄、落落大方呢?

一是面带笑容，双目平视，嘴唇微闭，微收下颌;二是立腰、挺胸、上身自然挺直;三是双肩平正放松、两臂自然弯曲放在膝上，亦可放在椅子或沙发扶手上，掌心朝下;四是双膝自然并拢，双腿正放或侧放，双脚并拢或交叠;五是谈话时，可以有所侧重，此时上体与腿同时转向一侧。

正确的坐姿关键在于腰。不论怎么坐，腰部始终应该挺直，放松上身，保持端正姿势。在社交场合中，坐姿要与场合、环境相适应。

第一，自然坐姿。平时坐在椅子上，身体可以轻轻贴靠于椅背，背部自然伸直。腹部自然收紧，两脚并拢，两膝相靠，大腿和臀部用力产生紧张感。

与客人谈话时椅子坐得很浅，就显得你比较拘束。以脚用力着地来平衡身体，时间稍长就会觉得酸，这样的坐姿背部微驼，下巴突出，体态也不美。不妨一开始你就坐得深一些，然后背部保持直立，膝盖并拢，这会使你显得优雅而又从容。

很多人坐下来的时候喜欢将脚架起来，在社交场合，这一般被认为是不礼貌的坐法。如果是积习难改，那一定要注意架腿方式：收拢裙口，遮掩到膝盖以下部分。支撑的脚不要倾斜，双腿内侧靠近，大腿外侧收紧。双手自然搭在腿上。这样显得美观，能产生自然的美腿效应。

第二，坐沙发的坐姿。一般沙发椅较宽大，不要坐得太靠里，可以将左腿绕在右腿上，两小腿相靠，双腿平行，显得高贵大方。但不宜翘得过高，不能露出衬裙，否则有损美观与风度。

也可双腿并拢，让双膝紧靠，然后将膝盖偏向与你讲话的人。偏的角度视沙发高低而定，但以大腿和上半身构成直角为原则，以表现女性轻盈、秀气的阴柔之美。

第三，曲线坐姿。双膝并拢，两腿尽量偏向后左方，让大腿和你的上半身构成90度以上的角度，再把左脚从右脚外面伸出，使两脚的外线相靠，这样，你的身形便成一个S型，雅致而优美。

以这种姿态而坐的女性一般是完美主义者，极重视自我的完美，追求每一部分、每一细节都显优雅，无懈可击。

第四，正式坐姿。膝盖与脚跟都并起，双面垂直向下，背脊伸直，头部摆正，视线向着对方。这种坐姿可用于面谈之类的正式场合，可给予对方诚恳的印象。但也不要双膝并得太紧，一动不动，这会给人产生一种紧张感，一种不安全感。

第五，进退坐姿。在交往时对入座和退座也都有一定要求。入座时，应轻、缓、稳，动作协调柔和，神态从容自如。

人应走到椅子前，转身背对椅子平稳坐下，若离椅子较远，可用右脚向后移半步落座。女子入座，要娴静、文雅、柔美，若穿裙子则应注意收好裙脚。

一般应从椅子左边入座，起身时也应从椅子左边站立，这是一种礼貌。如要挪动椅子的位置，应当先把椅子移到欲就座处，然后坐下。坐在椅子上移动位置，是有违社交礼仪的。

落座后，应双目平视，嘴唇微闭，面带微笑，挺胸收腹，腰部挺起，重心垂直向下，双肩平正放松，上身微向前倾，手自然放在双膝上，双膝要并拢。

亦可双脚一脚稍前，一脚稍后，两臂曲放桌子上或沙发两侧的扶手上，掌心向下。

坐椅子时，一般只坐满椅面的三分之二，脊背轻靠椅背。端坐时间过长，可以将身体略为倾斜，头面向主人，双腿交叉，足部重叠，脚尖朝下，斜放一侧，双手互叠或互握，放在膝上。

若是着西装裙的女子，最好不要交叉两脚，而是并靠两脚，向左或向右一方稍倾斜旋转。起立时，右脚先向后收半步，然后站起。

坐时应克服不雅的坐姿。包括半躺半坐，前仰后倾，歪歪斜斜，两腿伸直跷起或双腿过于分开，跷二郎腿并颤腿摇腿，将两手夹在大腿中间或垫在大腿下，用脚勾着椅子腿，脚放在沙发的扶手上等。不雅的坐姿给人轻浮且缺乏修养的印象，是失礼及不雅之举动。

容貌和身材是天生的，但坐像却是可以更改的，坐像不佳就能直接削减气质的效应。

因此，生活中的女性在社交场合中，只要意识到自己的一举一动都在别人的"监督"之下，就能时时注意约束自己，在潜移默化之中渐渐养成优雅的坐姿。

站出个亭亭玉立美少女

亭亭玉立是一种挺拔而不僵直，柔媚而又富于曲线的娇美姿态，展示女性形体线条美，体现了女性的端庄、稳重和大方，给人娴静、含蓄、深沉的美感。

美是一种整体感受，再绝伦的容貌，再标准的身材，如果加上一副萎靡不振的姿势，粗俗无礼的举止，美根本无从谈起。站立、行走、坐卧三个方面是人体最基本的姿态。

站立是生活中最基本的举止，站姿是生活中静态造型的动作，女性站立的姿势美与不美，直接关系到女性的形象。因此，作为现代女性，在社交活动中站立不仅要挺拔，还要优美和典雅。

怎样才是正确的站立姿势呢？美姿动作的练习里，四分之三站姿的学习是非常重要的，许多其他的动作都经由这个标准的四分之三站姿而完成。

其实，我们本来就很熟悉这样的姿态，但是若要取得一个较为标准的姿势，可以经由下列练习方法而得到。

　　面对镜子站立，两脚平伸与肩同宽。其中的右脚(左或右均可)往后走一步，脚尖朝身体的外侧与肩膀成平行线，前面的左脚收回与右脚成垂直线，左脚跟在右脚跟前一点点的位置，也就是从右脚尖到脚跟三分之二的位置。身体的重量交给右脚，或者说后面的脚承担，左脚较轻，两腿的膝盖都不可紧锁，保持弹性。反之，换左脚的姿势亦同。

　　另外，你可以用以下的方法测验一下：把身体贴墙，后脑、肩、腰、臀部、脚跟等部位尽量贴近墙，使身体成为直线。站立时必须注意头要正，下颌微收，双眼望前，肩要平。切忌弯腰突肚或耸乳突臀，否则你就会显得非常滑稽，又怎会有仪态可言？

　　倘若你想自己的身段看起来窈窕些，站立时可把身体稍为偏侧，前脚脚尖向前，后脚与前脚成45度角，挺起胸脯及挺直腰部，双手自然地垂下，腹和臀部都要尽量向内收缩，这样的站立姿势既美观又能使你看起来精神饱满。

　　当你已站立了一长段时间，开始感到疲倦，但却没有机会坐下休息时，有什么办法可以减轻疲劳感呢？

　　这时你千万不要表现得无精打采，把身体随便靠向墙或其他可以靠背的地方，因为这会使你的仪态大打折扣。你应将肩稍稍向后，这样会使你看来挺直及精神些，双脚可间歇交替变换站立姿势，在感觉上就会好些了。

　　站姿的功法主要在脚板及小腿上，所以，除金鸡独立外，还可以进一步强化训练：脱了鞋子，取个端正自然，自我感觉良好的姿势，然后，提起一只鞋，将体重完全放在另一只脚上，脚跟弯曲。脚尖向上，反复做弯曲、向上的动作，每只脚做15次，双脚轮换进行。这样，一个平稳、优美的立姿就会练出来。

作为女孩，保持身体正直、挺胸收腹，才是好的立姿。弯腰驼背，左右摇晃，或者斜靠在柱子或墙壁上，都会给人一种懒散、轻薄的感觉，根本无美可言，所以是不可取的。

走出你款款轻盈的娇娆

女孩走路，注意轻盈快捷，快抬脚，迈小步，轻落地，使人感到她们像一缕轻柔的春风，妙不可言。

每一个女人都想拥有流云般优雅的步姿，款款轻盈的步态是女性气质高雅、温柔端庄的一种风韵。而优美的步态，则更添女性贤淑、温柔之魅力，展现自身的风采。

当然，我们每个人都会走路，而且都有了自己的走路习惯，熟悉自己的朋友，远远就能以身形动作认出我们。所谓正确与不正确走姿的区别，也只是我们是否走得更优雅、好看。我们本身已经具备了一些条件与技巧，只要稍加注意，花点时间去练习，每个人都可以得到改进。

所有纠正我们走路的要诀和技巧，都属于肢体的训练。然而我们的意识也应该需要训练，以期能与肢体做最佳的配合，甚至能带领肢体。我们不妨试用三种游戏来体会走路的精神。

第一，假想我们用臀部肌肉夹住一个硬币，从腿部开始，复习正确站姿的动作，然后开始走路。记住并确信硬币必须始终夹紧，不可跌落。

当你做这个练习时，你会感觉到臀部、腹部肌肉的紧张度，那使得你无法如往常那般随心所欲地走，而必须将自己控制得很好，你将发现你的身体无法左右扭摆，也不能上下跳动。如果多练习几次，你即可学会控制自己。体会保持重心走路的感觉，而后把它带入平常走路的动作之中。

第二，在忙碌的生活步调里，我们往往因赶时间而需要快步追赶，或只因个性急躁使然，而渐渐习惯了往前冲的不雅走姿，这个游戏是专门为练习气质转化而设计的。

在练习走路的时候，心理要做充分的准备，心情要完全地放松，而后想着此时此地没有任何的闲杂之事在困扰你，也不需赶路赶时间，你犹如一只最美丽的天鹅在湖边散步，从容不迫、高贵娴雅，所有的人都在欣赏你，但是你一点也不受影响，你的内心很满足、很平静，却是一点也不骄傲。

你要用你的神态让周围的人感觉你是乐意他们接近的，也喜欢接近他们；当然，你首先是要喜爱自己，相信自己一切美好。

把这样丰富而美丽的想象力带进你走路的气质里，你就会有新的神态出现，这种神态包括了对自己的舒适感与自信心，同时能影响你周围的人，使他们对你的美丽气质认可。

第三，练习走路，多半是要照镜子的。离开镜子的时候，就要用意识去感觉自己的动作是否仍然正确。你是否有过这样的印象：美姿练习需要头顶书本走路。

不错，对于走路时喜欢低头看地，头部歪向一方，肩膀习惯两边晃动的人，这是一种很好的练习。你不妨也去试试，看看顶着书本走路的感觉如何。

知道了优美走路的技巧，我们同样要了解优美走姿的禁忌：

最忌内八字和外八字，即不能弯腰驼背、歪肩晃臀、头部前伸；走路时应保持身体挺直，切忌左右摇摆或摇头晃肩，不扭腰摆臀，左顾右盼；走路时膝盖和脚踝都应轻松自如，以免显得僵硬，脚蹭地面，上下颤动；最忌边走路边指指点点，对别人评头论足。

走路时，应自然地摆动手臂，幅度不可太大，前后摆动的幅度约45度，切忌做左右式的摆动；步幅与呼吸应配合成规律的节奏，穿礼服、裙子或旗袍时，步幅要轻盈优美，不可跨大步；若穿长裤，步幅可稍大些，这样会显得生动些，但最大步也不可超过脚长的1.6倍。

以上这些禁忌动作既有失大雅，又不礼貌。如果想做一个有魅力的女性，就要留意自己的姿态。

我们在日常生活中，身体要处于各种状态，动作的优美也是我们时刻要注意的。

蹲姿是常用姿势的一种，如长时间静候某人，或数人聊天等，一般可用蹲姿。蹲姿要优美、典雅，其基本要求是：一脚在前，一脚在后，两腿靠紧向下蹲，前脚全脚着地，小腿基本垂直于地面，后脚跟提起，脚掌着地，臀部要向下。采取蹲姿时注意不要低头，更不要弯上身，翘臀部，这种蹲姿十分不雅。

上楼梯时，身体自然向上挺直，胸要微挺，头平正，臀部要收，膝要弯曲，整个身体的重心要一起移动。下楼时最好走到楼梯前先停一停，片刻扫视楼梯后，用感觉来掌握行走的快慢高低，沿梯而下。

上卧车时应侧着身体进入车内，绝不要用头先进去的方法；下卧车时应侧着身体，移动靠近车门，然后伸出一只脚踏在地面上，眼睛看前方，再以手的支撑力移动另一只脚，头部自然伸出，起身后，立稳，再缓步离开。女子上车时应先轻轻地坐到座位，再把双腿一起收进车里，下车时双脚应同时踏到地面上。

接物时应双手接物，五指并拢，两臂适当内合，自然将手伸出；递物时应双手将物品拿在胸前递出，物的尖端不可指向对方，不能一只手拿着物品，更不能直接往对方手里丢放物品等。

拿取低处物品或拾起落在地上的东西时，不要只弯上身，翘臀部，要利用蹲和屈膝的动作，脚稍分开，站在要拿或捡的东西旁边，微弯上身，拿起物品。

美好的生活是来自每一个细微之处的，平时稍加留心，稍加训练，会让自己更加仪态万千。

第三章
内在修养，将美丽进行到底

　　美丽，火焰一般的词，热烈诱人。追寻美丽的女人，可能飞蛾扑火，也可能凤凰涅槃。但是，世界上没有任何理由可以阻挡天底下的女人们扑向美丽。

　　美丽，是女人一辈子的事业，不仅仅是在自己欣赏的男性面前，也不仅仅是在需要尊敬的人的面前，更是在自己的面前。而内在的美丽，更是一个女人真正美丽的实质，也是女人所追求与向往的。

会内养的女人，从容优雅过一生

内养是女人生命魅力的清新剂。内养不是指运动、膳食、保健、抗压、排毒等外在的养生方法，而是指通过用学识、阅历、气质、品行等内在方法来保养容颜，用积极的态度来调整自己。一个智慧的女人懂得内养的重要性，因此她们会通过内养，让生命变得从容、淡定、优雅而充满活力。

女人的容貌是不断发生变化的，会随时间的流逝而红颜不再，但是这并不代表着女人们就束手无策，我们可以通过保鲜，通过自身所散发出的独特气质，让别人觉得自己仍然年轻而充满魅力。

那么如何让自身散发出高贵的气质呢？这就是内养。内养才是女人保鲜的不朽根源！

我们知道，要保持生命有机体的正常运行，就需要不断地吸取各种"营养"：大病初愈时需要"调养"；渴望容颜永驻时需要"保养"；为人处世需要有"涵养"。

总而言之，不管是身体的营养、调养、还是心灵的修养、涵养，我们的生活中离不开一个"养"字。但是，营养、调养都属于"外养"，只有修养、涵养才是"内养"。

内养是女人保持气质的基础，女人的内养包括学识、阅历、气质、品行等多种内涵，是精神和心灵层面的修养。而这些"养分"是恰恰是女人生命的源泉，这些内在的修养透过血脉和筋骨浸润着女人的容貌，即使历经风雨也展现出女人从容大度的雍容典雅之美。

一本书上曾说："女人的容貌，30岁以前靠父母，30岁以后靠自己。30岁以前，女人的长相多由遗传因素和生存条件所致；30岁以后，容貌通常是教养、个性、阅历、人生观等等方面的综合体。"

女人的一生汲取了的各方面的"营养"，于是在经过了长期的积淀之后，终于在体内生根发芽开花结果。女人们应该明白，女人的容貌虽然是"养"出来的，但是内养更为重要，女人的内养就像滴水穿石，学识、阅历、气质、品行是时间积累结出的硕果，是自身精神的沉淀和升华，是女性魅力的厚积薄发。

雯去美国学习的期间，认识了一个出身欧洲贵族世家、极有教养的女人。雯在后来谈起这女人时，称她是自己见过的最有修养和魅力的女人。

这个女人不很漂亮，但是很会保养自己。她会在早晨六点起来做运动，到花园看花，吃过早餐就开始工作。她是个自由撰稿人，因此每天的工作就是看书。也许是看书看得多，她的知识面很广，而且心态平和。

最让人诧异的是她竟然能把花园中种植的植物调制成健康食品和草药，用在每天的生活中。在工作闲暇，她就会去半山上自家盖的木房子里过夜，睡在屋檐下的睡袋中，感受大自然的气息。

这个女人的生活触动了雯，她终于明白了什么样的生活才是健康、自然、养生的，什么样的女人才能永远美丽。

　　上述的例子也许能够帮助我们明白女人怎样才能更美，答案就是内养，只有根深才能叶茂，内养才是女人美丽的不朽根。那么女人应该如何内养呢？

　　首先需要读书，这是最基本的要求。读书的女人是美丽的，所谓"腹有诗书气自华"。读书提高的不仅仅是女人的学识，更提升了女人的内涵，而内涵是装不出来的。因为腹有诗书，女人不再畏惧年龄，不会因为鬓边的几丝白发而苦恼，不会因为生活中的小小波折而失态。

　　一个女人的学识和气质除了读书害有其他的方法来培养，比如跳舞，可以塑造女人的体型，使得女人更加优雅大方。

　　此外，内养还需要有一颗善良的心。因为在学识、气质之外，品行更是女性魅力必不可少的体现。当一个女人能够对身边的人表示关心，用热诚的心去帮助别人，那么即使她不漂亮，也是一个美丽的天使。最为重要的一种品质就是豁达。

　　一般说来，女性是敏感而善感的，常常小心眼或者小家子气，为一点点小事就大动肝火，斤斤计较。其实这样的行为是对女性魅力的最大破坏。因此，做一个心胸开朗的豁然女人，更能展示品行中的从容和安然。

　　所有的女人都渴望青春永驻、容颜不改，那么，作为一个有智慧的聪明女人，在外养之外，更追求内养。一个胸无点墨、品行不端的女人，即使再华丽的衣服装饰，也不能掩盖她的肤浅空虚。

　　一个女人除了服饰得体之外，更要不断修炼自己的内养，才能自内而外的焕发女性的魅力，才能从容淡定优雅从容的生活！

个性美女，世间永远的靓丽风景

　　想想身边的魅力女性，她们除了美丽的面孔，娇好的身材之外，还有没有其他的？容颜易逝，只有个性才会不时地散发其独有魅力。女人的性格或许是世界上最为丰富的色彩了。没有哪两个女人的性格是完全相同的，而就是那一点差别，她给人的印象便完全不同。

　　你可以似寒梅。清丽孤高，怒放于万物凋零的冰雪之中，冷艳傲然，暗香浮动。绝不做娇弱的瓶中花，更不是虚假的水中月，于昂然中带来一份心动。

　　你可以似玫瑰。浓香馥郁，丽质天成，秀色绝伦。雍容娇嫩地惹人怜爱，温柔似水地惹人缠绵，于醺醺然中带来一份心醉。

　　你可以似水仙。清爽纯真，冰清玉洁，秀丽聪慧。淡雅平实得像一丛水边的青草，于默然中带来一份平和的心静。

　　你可以似丁香。素馨沁人，妩媚不妖娆，清秀不娇艳，像江南水乡悠长的雨巷中走来的娉娉婷婷的女子，于飘飘然中带来一份心情。

　　你可以似兰草。淡雅脱俗，卓尔不群，深藏的内心让人遐思无限。可赏而不可亵，于淡然中带来一份心仪。

　　女人的个性是在现实生活中经常表现出来的、比较稳定又带有一定倾向性的心理特征的总和，包括了兴趣、爱好、能力、气质、性格等。个性表现了女人的独特风格，展现了女性的基本精神面貌。

　　压抑自我欲望，逆来顺受的女性形象在传统社会实在有太多太多的典型。而事实上，传统女性的性格也是后天形成的，并非先天具有。由于历史文化等因素，即使到了现代，一些约定俗成却未必合理公正的要求仍然通过家庭和社会传递给了每个女人。

现代女性在刚开始上班时，这种安分守己的性格确实能为自己赢得赞许。由于大家都用传统既定的眼光来看你，所以你的老板和同事很快就会因你的良好行径而称赞你。你会因为遵守公司规定、凡事付出耐心、尽心完成分内的工作和从不做任何愚笨的举动而获得大家的赞美。周围的一切综合起来，想要告诉你的就是：做个传统女性总是会有好报的；身为女人，就应该把他人放在第一位。

女人除了要给身边的传统规范一个交代之外，更要问自己想要的究竟是什么。如果你是一位乖乖型的女孩，或许你能够成为一个很好的经理人才，因为你处处留心，小心谨慎，遵守规定，凡事一丝不苟。

但是，这样的你，却不可能成为耀眼之星，尤其在众多女人云集、展现魅力的时候，你却显得那么平凡普通，在美丽的百花丛中唯有充当普通的绿叶。你所能充当的角色是平凡的普通的邻家女孩，而不能够获得属于你自己的那一份独特的美丽。

当然，如果你选择的是艾草一般的生活，那么这种生活也是一种超脱。但是如果你希望自己像流星划过长空一样的炫目，那么仅仅守住自己的本分是远远不够的，你必须有能够照亮他人眼球的闪光个性和独特魅力。

性格表现的不同往往也和不同的相处对象有关，人的自由在于人的性格有极大的伸展空间，在不同的人面前可能就会有不同的表现。

所谓用形形色色的问题和一些形式化的步骤来推断自己的性格，在很大程度上是荒谬的，这只是一个想彻底了解自己却又比较偷懒的游戏而已。这种测试能够在多大程度上了解自己，能否根据血型或星座来判断自己的性格，这些我们没有必要去严格验证，权且当作茶余饭后的一种消遣也是可以的。

但是需要记住的是，这些游戏玩过之后也就忘了吧，不然它们会限制你的行为，从而限制你的生活方式。如果相信自己的性格可以由血液这种物质来决定，那么改变自己性格的意识就会萎缩，就会慢慢地变得宿命起来，丧失个性，从而丧失自我。

以下几种个性特点仅可以作为考虑，标准是固定的，而人的个性是复杂的，只有充分发挥自己个性中的长处，尽可能避免其中的不足，展现完美生活状态中的自我，才能使个性成为美丽的资本。

阳光：健康，活泼，乐观，开朗，野性，富有思想和魄力，亦不乏生活情趣。这类人的最大一个特点是仿佛浑身散发着一股"热气"。可爱，奔放，每天都朝气蓬勃，充满活力，青春四射。

阴柔：和阳光正好相反，这种人往往显得气馁、忧郁、病态、面色苍白。全身有种柔弱无力之感；宽容，温柔，如水一般，似乎没有自己的立场，柔弱之极。

正直：具备这种因素的人，善良、可信、见义勇为，容易获得别人的信任和尊重，厚实，诚信，"是个好人"的感觉往往能震撼他人的心灵。

邪气：和正直相反，这类人往往容易偏激，不走正路，也很难得到别人的信任，却能吸引一些涉世不深的人。

英气：这类人显得英俊潇洒、动作伶俐、谈吐风雅，办事讲求效率，进取心足，成就动机感强。与之相处，使人觉得清心愉快，但却有不踏实、轻浮之嫌，往往攻击性强、独断、缺乏耐心。

豪气：这类人大方豪爽，心胸宽阔，不拘小节，广交朋友，比较讲义气，但容易给人不认真、不端庄、容易冲动的感觉。

端庄，优雅：这类人注重行为举止，宽容随和，轻松随意；重视事情细节，耐心、温和却往往没有时间紧迫感，动作慢；没有很强的成就动机感，竞争意识不够。

灵气：这类人显得聪明精明，遇事反应快、动作灵巧，学什么会什么，但不免给人不稳重的感觉。

执着：过分执着而显得倔强的人，往往会被认为任性、乖张。

一般来说，任何一个人，都同时具备上述因素中的几种。只是各人不同，强弱不同。所谓"有性格"其实是具备的因素比较强、比较突出；所谓"没有性格"其实就是具备的因素比较弱，以至于仿佛8种因素都没有；而和谐的性格应该是内外皆美，相得益彰的。

个性的魅力在于，每一个人都有自己的长处。或者说，在特定的环境中总会有某种个性最适合自己。有人说，女人的美要由男人来定，异性的眼光总是更准。可实际上，男人的眼光也并不相同，且不说宫廷贵族与民间百姓的美丽标准相去甚远，即使同样是艺术家的眼光，蒙娜丽莎的神秘之美与拾穗女郎的健康之美也大相径庭。

所谓社会的流行之美的标准以前是由少数男人制定，即那些有权势者，掌握着话语权的人，现在则更多是由最谙熟市场，最会造势者所定。在现代商人们看来，每个女人都不完美，都要实行改造，只不过是"大工程"与"小工程"之分。

魅力是一个内涵非常丰富的词语，它的内涵显然比漂亮丰富得多。女性魅力是一种由内而外散发出的摄人心魄的吸引力和动情点，是一种内在和外形的完美结合。

女性魅力对于女人而言是有生命季节的，不同的季节有不同的魅力。女人大可不必沉浸在"青春易逝，今不如昨"的伤怀无奈中，珍惜每一天，在岁月积累的同时也认真积累自己，做一个魅力持久的女人。

一个女人的魅力，应该是形体、气质、仪表、性格、内涵等各方面的综合体，魅力有先天因素，更仰仗于后天的修炼积累。生活中我们并不少见，一些女人虽青春靓丽，花枝招展，但言行举止粗俗不堪；有些女人虽事业有成，但性格强悍，飞扬跋扈，让人倍生厌恶。作为女人，需要更多关注的是提升自己优雅的气质。

一个真正有魅力的女人应该柔而不媚，强而不悍，韧而不刚，贤而不弱。要做到这一点，她必须有一颗善良、博大、宽厚的爱心。首先要学会爱自己，其次学会去爱家人，爱朋友，爱同事，爱邻居，爱身边需要帮助的人。只有学会无私真爱的女人才会散发出永恒持久的女性魅力。

但是，现实生活总是如此残酷。如果你是女人，你一个人背着行囊独自攀登，那么你获得的可能不是仰慕，而是异样的眼神；如果你是女人，在夜深人静时一个人仰卧在路边草地上休息，那么你获得的可能不是自在，而是孤僻的洒脱。所以，在认同自己个性的时候，千万不要忘了，你是一个女人，而且是一个美丽的女人。

大气，是女人超凡脱俗的亲和力

在生活中，大气会在一些女人身上显示超凡脱俗的优雅气质。大气者在于识大体，识大体就是不以一己之好恶评论世事，而是以包容之心善待众生。有此美德的女人在乖巧伶俐之外，又平添一种雍容典雅、从容不迫的风韵。

大气表现在穿衣戴帽，也见诸于举手投足，更流露于眉宇和谈吐之间。

女性如果能在享受每一瞬间的同时，锻造自己那经霜不凋、生死不渝的大气品性，那么，天地间不只是多了一道亮丽的美景，而是又多了一位楷模。这样的楷模越多，世风日上的可能性就越大，女性的品位也就越高尚纯粹，令人赞叹不已。

大气首先要学会宽容，允许他人不同生活理念的存在。大千世界，无奇不有，世间万象，本来就没有对与错的绝对概念。也许身边的朋友通过嫁人从而衣食无忧，而你偏偏坚信女人要自立自强，不能成为男人的附属物。这本该是人生观念的差别所在，你不会因此而鄙视她、唾弃她吧？

大气女人不是格格不入、自命清高，而是能够包容他人，懂得尊重别人的选择，也能认可不同人的生活方式。

大气还要表现为热情。美国文学家爱默生曾写道："人要是没有热情是干不成大事业的"。大诗人S·乌尔曼也说过："年年岁岁只在你的额上留下皱纹，但你在生活中如果缺少热情，你的心灵就将布满皱纹了"。

也许，日本王妃小和田雅子一生所做的选择能给我们带来一些有益的启示：

　　　　不知不觉间，日本皇太子德仁与王妃小和田雅子已经走过了10年的"锡婚"。如果说刚刚大婚时的小和田雅子仍是意气风发的职业女性的话，那今日的雅子已经是一个凡事处处忍让的深宫贵妇。或许，这也是在东方社会担任王妃必须要磨炼的沉默隐忍，哪怕历史的车轮已经转过了21世纪。

出生于外交世家的小和田雅子毕业于哈佛大学，能熟练地使用5种外语。她精力充沛，活泼好动，喜欢棒球、网球、骑马、游泳等各种体育项目。

在东京大学法学部读硕士期间，就已经通过了难度极大的日本外务省外交官资格考试，被视为外务省非常有前途的未来外交官。

据她的同窗回忆，当时法学部的同学经常拿"外交官的老公"这个话题开雅子的玩笑，雅子也笑着同意自己未来的老公只能是作家、画家这种自由职业者，这样才能随自己四处驻外。

由此可以想象雅子当年那种意气风发、年轻有为的样子。随后，雅子进入外务省工作，负责任务艰巨的日美贸易摩擦问题，工作成绩出色。

但命运在1986年改变，当时还在外务省实习的雅子在欢迎西班牙公主的音乐会上偶遇皇太子德仁，给德仁留下了深刻的印象。

此后，面对事业和婚姻两条道路的选择，雅子为了逃避德仁的追求，不惜远走异国。但这并没有妨碍德仁对雅子的爱意，1992年，在初次会面近6年后，两人再度相遇，这一次雅子接受了德仁的求婚。

可以说，雅子从接受德仁求婚之日起，就知道等待自己的命运将是什么。如果她是真心接受这场婚事的话，她应该对"一入侯门深似海"这句话早有准备。可是，当时的日本国内却对雅子有别样的期望，民众希望这位知识女性的代表，英姿飒爽的女强人能够给皇室带来新气象。

这样想的人基本都失望了，因为婚前云游天下的雅子在婚后闭门不出，偶尔出现在公众场合也是在丈夫背后保持3步之遥的所谓皇室距离。她不能自由外出，不能自由购物，结婚大约8年后，德仁皇太子才终于有机会把雅子带出国访问，真不知曾为外交官的雅子在这深宫中是如何熬过来的。

雅子的同窗倒是表示，其实雅子本来就并非外界传说的女强人，她的性格很像"随风柳枝，逆来顺受"。在婚后多年不育，还有一次流产的沉重压力下，雅子实际上也只能以这种隐忍沉默的态度来维持自己的形象。

即使在2001年顺利产下一个女儿，雅子也因为仍无法产下被认为更适宜承继大统的男丁而被继续压抑着，掩藏着当年灿烂夺目的性格魅力。

但不管如何，这或许正是日本皇室和皇太子德仁所乐见的。要知道，当年雅子在订婚典礼上讲话比德仁长了7秒钟，就遭到了无聊记者的质问攻击，雅子怎能不时时刻刻加倍小心。有趣的是，或许现在欧洲的王妃都太平民化了，在《Hello!》杂志评选的最有风度王室人物中，温顺的雅子居然位居榜首。

温柔，是一缕缠绕人心的情丝

温柔的女人最有女人味，不尖刻，内心柔软但又充满自信，芳香诱人而又明亮妩媚。温柔的女人是幸福的，没有愁怨，更不会寂寞。爱让她的内心充盈而有力量，她的身体里流淌着温热的泉水，双眸含笑。她明白自己的力量所在、魅力所在和快乐所在。她优雅的情怀与宽容的气度浑然一体，互相辉映。

不可爱的女人都是一样的，可爱的女人各有各的可爱之处。撇开容貌体肤不说，单就可爱女人的气质情致而论，那千种娇媚、万般风情，谁又能说得尽呢？

说不尽吗？其实，最主要的就是温柔。作为女人，你尽可以潇洒、聪慧、干练、足智多谋、会办事儿，但有一点绝不能少，那就是你必须温柔。

女人存在的理由就是因为她具备男人所缺乏的温柔。温柔，这是作为母亲和妻子的女人不可缺少的一种基本资质和品性。

"温柔"这两个字很自然地就和关心、同情、体贴、宽容、细语柔声联系在一起。温柔有一种无形的力量，能把一切愤怒、误解、仇恨、冤屈、报复融化掉。在温柔面前，那些喧嚣吵闹、斤斤计较、强词夺理、得理不饶人，都显得可笑又可怜。

温柔是一场三月的小雨，淋得你干枯的心灵舒展如春天的枝叶。女人，最能打动人的就是温柔。温柔像一双纤纤细手，知冷知热，知轻知重。只需轻轻一抚摸，受伤的灵魂就会愈合，昏睡的青春就能醒来，痛苦的呻吟就会变成甜蜜幸福的鼾声。

女人的温柔是一种美德，一种足以让男性一见钟情、忠贞不渝的魅力。

的确，在男人挑剔的眼光中，盯着女人靓丽的同时心里还渴求着温柔，在浪漫的花季，漂亮或许会占上风，但是，当男人真正读懂女人这本书的时候，他会惊奇地发现其实温柔才是这本书的经典之处。

事实上，在季节的变换、时间的推移中，漂亮的外表终会失去光泽，而温柔将永驻。自然天成的女性温柔，古往今来给人间带来多少深情挚爱、温馨和谐，让无数的英雄豪杰为之怦然心动。

温柔是女人最动人的特征之一。她可能不是都市的白领，她的学历也可能不是那么高，她的厨艺也许不怎么好，她的细手也许很笨拙，她的长相也许挺一般，总之她绝对不能算得上是一个十全十美的俏佳人，但她却很温柔，说起话来的"柔声细语"，足以让男人顷刻间为之陶醉。

在男人眼中，女人的这一特点比所有的特点都要可爱。温柔的女人走到哪里，都会受到人们的欢迎，博得众人的目光。她们像绵绵细雨，润物细无声，给人一种温馨柔美的感觉，令人内心佩赞、回味无穷。

如果你希望自己更妩媚、更动人、更有魅力，建议你保持或发掘作为女人所独具的温柔的禀赋，做个温柔的女人。

温柔的女人不是只懂得牺牲的传统小脚女人。她健康，她享受，她撒娇，样样都不缺。同时，她不会叉腰骂街，不会怨天尤人，不会唠叨数落，不会像防贼一样地防着自己的丈夫，更不会在外人面前贬低丈夫和拿丈夫取笑……

女人的温柔不是没主见的"乖"，而是一种美好性情、一种智能、一种女人味。男女平等，不是鼓励女人像男人看齐，事事平起平坐，甚至像野蛮女友一样凌驾于男人之上，而是回归女人本色。

女人的温柔是一种可以让男人品尝后主动驯服的甜酒，是一种口感细腻的佳酿。女人的温柔不是扭曲的做作，而是让男人舒服，更让女人羡慕的品性。

现代女人，德才兼备，内外兼修。男人娶这样的人当老婆，自在轻松，自信放心。她温柔可人，但同样会踢被子，耍小性子，挑食，不爱洗碗拖地板……

其实温柔只是一种为人处世的态度，也是一种品德修养，温柔的女人并不是不能具有其他的缺点，相反，做女人最大的好处是，可以一"柔"遮百丑。

温柔的女人，善解人意，会像尊重自己一样尊重丈夫，她抚摸爱人的脸，侧耳倾听男人的心跳……她感性，她有血有肉，有情有义。她每一个动作都是表达，也是感受。

她也许不可侵犯，但总能给人一种松弛感，虽然总是不时地考你，但却不给你压力，目光里写满鼓励与怜爱。

她聪明，但给人的感觉不是咄咄逼人，而是舒服的微笑，带点书卷气，弥漫着一种味道，一种清雅的果香，一种亲情的奶香……温柔的女人也许会没收男人手里的香烟，但也会半夜里起来陪你看足球。她用体温感动你，用灵魂支持你。

做一个温柔的女人，不是换一套衣裙、举一杯红酒就可以"摇身一变"的。她的魅力来自性格、能力和修养。她的规矩、内敛、温顺都来源于对自己表情的修枝剪叶，让美丽由内而外地熏染而出。

总之，温柔可以体现在各个方面，在女人的生活领域处处都能体现出温柔的特征。作为一个女人，应当通过学习，通过认识自己、认识社会和切身体会等途径，去培养自己的温柔。

温柔，对于一个女人来说，是其生活和工作中最好的特性，既有助于她独立地生活于社会中，又能使她拥有迷人的娇媚。

泼辣与柔情，兼而有之才完美

一个女人应该是具有双重性的，既有柔情似水的一面，也有泼辣干练的风格，那些能在不同时间表现自己不同特点的女人才是一个真正的女人。因此，一个有智慧的女人，应该兼具温柔和泼辣。

人们普遍认为女人应该柔情似水。温柔对于女人而言，是一种诱人之美，甚至是一种高尚的力量。相反，人们把泼辣看作是有损女性形象的缺点。然而，这只是一种世俗偏见。

纵观古今中外的历史，泼辣女性也取得了事业上的成功，武则天、撒切尔夫人等一些独立女性，就是泼辣女性的杰出代表，她们所取得的成就，不仅为泼辣女性编织了一个炫目的花环，也为野性美增添了新的内涵和魅力。

但是，还是很多人认为女人应该温柔。美籍华人赵浩生教授来中国讲学时，有位记者让他谈谈对现在中国女性的印象，他就尖锐地指出："我发现国内青年女性，有的认为越泼越好，有的粗野蛮横，没有女人味了。"赵教授把女人失去了温柔看作是"中国最大的悲哀"。

这些观点都是存在偏颇之处的，无论是温柔还是泼辣，只具备一种称不上是一个完美的女人，一个完整的女人，应该兼具温柔和泼辣的风格，在合适的地方表现自己的温柔，在适用的地方表现自己的泼辣。

泼辣其实是女人另外一种美，这是一种野性的美，那些具有泼辣性格的女人，往往也具有天真纯朴的洒脱气质和粗犷炽烈的浪漫情怀，泼辣的女人因为自身敢拼敢闯的个性和百折不挠的顽强毅力，而拥有一种特别的魅力。

性情泼辣的女人到底具有哪些优点呢？一般说来，泼辣女人大都天资聪颖、思想敏锐，而且反应敏捷，富于进取和拼搏精神，泼辣的女人很自信，因此，她们在学习和工作上都能成为佼佼者，因而赢得了人们的赞美和钦佩。

此外，泼辣女人都很实干，能够做到利落洒脱，在处理问题时拿得起也放得下；更重要的是泼辣女人能吃苦耐劳，会为自己心中的坚定信念而奋斗，泼辣女人是不甘落于人后的女人。

再者，泼辣女人在处理家庭事务上也是雷厉风行，干练而高效。她们要求家居整洁、明快，而在泼辣女人也是居家过日子的高手，她们持家有术，懂得精打细算，在家庭建设、计划开支、生活安排诸方面，能把家庭生活安排得井井有条。

同时在人际关系的处理上，泼辣女人开朗大方，善于交际，在接人待物方面落落大方。最后一点，泼辣女人有很强的自主自立意识，她们办事果断，很少有依赖他人的思想，有巾帼不让须眉的气魄。

因此，要想成为一个有智慧的聪明女人，就应该能够"出得厅堂，入得厨房"，具有温柔和泼辣两种性格，而且善于将两者有机结合，取长补短，把自己打造成完美女人。无论是似水的温柔还是野性的泼辣，都是女性的迷人魅力所在。

泼辣女人不是老虎，更不是蛮不讲理、刁钻乖戾的人，让人望而生畏亲近不得，温柔的女人也不是一味地小鸟依人缺乏主见。温柔是女人对丈夫的体贴照顾、对父母的关爱孝顺、对孩子的慈祥细心，泼辣是女人在事业上的干练独立、在人际交往上的不卑不亢、在困难面前的坚忍不拔。

泼辣与温柔并不是女人不能同时具备的水火不容品质，而是硬币的两个面，共同构成了女人丰富的内涵。温柔的女人也有泼辣之处，而泼辣的女人也有似水柔情。关键是如何在适当的场合表现它们，而有智慧的聪明女人就懂得如何在二者之间从容出入。

心淡如菊，让女人楚楚动人

心淡如菊的女人，美得犹如涓涓细流，虽然缺乏张扬的气势，却多了聚水成洋的韧性，她的迷人来自秀外慧中的外表与内涵。经过爱情的洗礼、家庭的熏染，她们形成了自己独特的风格。

心淡如菊的女人的美感与优雅在举手投足间自然流露，她们用双手将岁月的光彩织成一朵永不枯萎的小花静静地别在胸前，一缕幽香沁人心田。

心淡如菊的女人因为拥有一颗平和的心，因此她们别样的楚楚动人。平和是一种心性的修养，是一种道德的修养；平和是对人生、对社会呈现的一种境界、一种哲学。

一个女人，决定她是否快乐的是心态。保持一种平和的心态，是女人的快乐之本。人有所欲，但不能被这种欲左右。人往往对越是得不到的东西，越想疯狂地去追求，对已经拥有的东西却不知道去珍惜。

所谓"天下熙熙皆为利来，天下攘攘皆为利往"，就是最真实的写照。作为女人，不能利欲熏心，要知道，不切实际的欲望是永远填不满的，无止境地贪求外物，只能够使人迷途，使人发狂，使人烦恼顿生，使人丢失平和的心。

在日常的工作和生活中，身为女人的你应该清醒地意识到，应该时刻保持着平和的心态。拥有一颗平和的心态，会让她们感到烦恼少了，快乐多了，友谊单纯了许多，生活质量好像也高了。

但是"平和"二字怎样才能做到呢？社会是一个"名利场"，在这个复杂的环境中，抱怨、不满、自卑、妒忌等种种不良情绪会经常出现，破坏我们的"平和"，那么，我们如何学会心淡如菊，平和地面对一切呢？

有时候，对同样一件事物或一件事，从不同的角度，用不同的心情去观察、去品味，得出的结果和感受是完全不同的。比如，你面对工作中的失误，抱着一种推诿责任的心态，寻找理由为自己开脱，那么你的内心不可能得到安定。

但是如果你勇于承担责任，并尽力补偿自己的失误，那么虽然你曾经做错了事，但是你得到大家的理解，内心自然会变得轻松愉快。学会换个角度去思考问题、换种态度去对待问题，我们就能始终保持一颗平和的心，就会收获快乐，享受快乐。从这个角度来讲，想拥有一颗平和的心，我们就要做到付出和奉献，而不计较回报。

平和的心态是人生一种至高的境界，一种面对世俗的繁华，肯保内心的平和与达观的况味。人的一生中在某一段时期内保持平和的心态并不太难，难的是在荣誉、地位纷至沓来时，仍能保持一份平和的心态。

居里夫人是法国著名物理学家和化学家，是第一个得到诺贝尔物理学奖和化学奖的女科学家。这位在学术上取得巨大成就的夫人，终其一生以一种平和的心态面对生活，无论是困苦抑或是富裕，失败抑或是荣耀。

在竞争日益激烈的今天，学会保持平和的心态对身体健康乃至事业的成败都是至关重要的。平和的心态对健康的积极作用，是任何药物都不能替代的。俗话说"心静自然凉"，如果人的心态、心境能够悠然、恬静、积极健康、顺其自然，那么即使是在炎热的夏天，也会有清凉的感觉。

有人说古人生活在田园之间，"采菊东篱下，悠然见南山"这种典型的农业文明下，不需要面对那么多的诱惑，自然能够做到心态平和，在物欲横流、诱惑重重的今天能够做到平和并非易事，这句话也有一定的道理。

在当今时代，我们不断地接受各种各样的刺激，不断地吸收五花八门的信息，不断地追求和积累所谓的人生价值。面对纷繁复杂的大千世界，久而久之，连我们自己都会被搅得晕头转向，不知道这些到底是什么，自己所要的又是什么。

我们积累了太多关于名誉、地位、财富、学历的欲念，同时也积累了很多兴奋、自豪、快乐、幸福以及烦恼郁闷、懊悔自卑、挫折、沮丧、愤怒、仇恨、压力种种复杂的情绪。我们会时常为之所动，甚至神魂颠倒，被外界的刺激搅得心神不宁，甚至坐卧不安。

要想重新稳固我们生活的定力，回归平和的心态，就得常常得给自己的心灵洗一洗澡，经常将这些积累的东西分类鉴别，抛弃不该占据你心灵空间的"废物"。

吐故纳新之后，就如同你在擦拭掉门窗上的尘埃与地面上的污垢，把一切整理就绪之后，整个人好像心理阴霾得到荡涤一样，获得一种快意无比的心理释放，你的心态自然也会保持平和。

所以，一个女人能够在物欲横流的名利世界保持自己的平和，她一定是人群中那朵最淡定、最高洁的白菊花，散发沁人心脾的清香，魅力无边。

平和，是每一个女人应该追寻的心态，也是她们应该努力的方向。用平和的心态来看待一切，用平和的心态来对待一切，这样女人的心就会更宽、更广，她们的快乐会永恒，魅力也会永恒！

淑女，是最有女人味的女人

有味儿的女人，既可以获得男人给你的幸福，又可以享受自己内心的幸福感。做女人自然就要讲究味道，讲究那么点自自然然的风韵和魅力。

菜，它本身是没有味道的，在烹调的时候必须佐以姜葱等佐料才出味！所以，女人也是这样，无论在什么样的场合，都要好好地调整自己，使自己秀色可餐，暗香浮动。

真正有女人味的，不一定要那样热衷于取悦男人。俗艳的花易被摘取，雅趣的花让人欣赏。女人味像酒一样，要酝酿，要累积，要沉淀，要真诚，是温和的细水长流，沁人心脾，让人舒服而不觉其存在，失去时怅然若醉。若即若离，慢慢释放能量，才是个中真味，至高境界。味道是神秘的，可分析而无法言说，没有定律，没有标准。

　　无论你是高级白领还是普通家庭主妇，你首先得有女人味，少不得女人应有的温柔、善良、贤惠、细致和体贴。

　　在传统和现代之间寻找一个平衡点，在追求性感火热的时尚之美时，不摒弃传统古典的雅致婉约，在事业上与男人比翼齐飞时，也不失一个小女人的小情调、小手段和小幸福。

　　女人味首先来自她的身体之美。一个有着柔和线条，如绸缎般乌黑长发以及似雪肌肤的女人，加上湖水一样宁静的眼波和玫瑰一样娇美的笑容，她的女人味会扑面而来。

　　女人味更多的来自她们的内心深处。一个有着水晶一样干净的心的女人，一个温柔似水、善解人意的女人，一个懂得爱人的女人，她的女人味由内而外，深入人心。

　　到底什么是女人味呢？有人认为有女人味的女人一定是漂亮的女人。然而，却不是每个漂亮的女人都充满女人味的。

　　其实，“漂亮”是人人都可以做到的。在这个时尚社会里，你只要懂得化妆，懂得穿衣服，懂得如何使“漂亮”更显漂亮，懂得如何使“不漂亮”变成漂亮，这些外表的装扮，几乎可以令每一个女子都成为“西施美人”。问题是除了这副美丽的躯壳外，我们还能看到什么？我们是在追求刹那间的亮丽，还是追求恒久的内在美？

　　当我们徜徉于现代都市中，芸芸众生一闪而过，你可能惊讶于那蓦然回首的艳丽，那魅力逼人的性感。忽然有一天，你不经意地抬头，一个婀娜多姿的女子走入你的眼帘：她健康、亮丽、神采飞扬；她成熟、自信、秀外慧中，她款款而来，举手投足之间，无不散发出一种只可意会，不可言喻的韵味。

　　幸福女人追求的不正是这种深层流露、内外如一的东西吗？也许这就是"女人味"吧。她就像一杯清香的茉莉花茶，令人意味深远，回味无穷。其实，这种女人味，你是可以感觉得到的，因为：有女人味的女人与弱质无缘，她不是林黛玉，病恹恹、意慵慵。她青春健康、肌肤红润、活力充沛，时刻让身心保持最佳状态，任何时候都光彩照人、灿烂依然。

有女人味的女人与愚昧无缘，她充满智慧，眼光精明，绝不是小女子见识。她的悟性源自对生活、艺术的理解，她的气质缘于人格深层的自然流露。她稳重、灵慧，周旋于纷纭的人际交往之间，应付自如。

有女人味的女子是何等自信，她是春天的柳枝，外表温柔，内心坚强；她是海天中的沙鸥，一飞冲天；她执着于自我风格的体现，无论是工作、生活都自信、自尊、追求完美。有女人味的女人是何等柔情，她爱自己，更爱他人。她是春天的雨水，润物细无声。

有女人味的女人是秋天的和风，轻拂你的脸庞。她以女性的特有情怀，放开胸襟去拥抱整个世界。有女人味的女人不是带刺的玫瑰，而是天上的彩霞，一抹微笑、一个眼神、一句睿智的话，都值得你回味、心醉。

读有女人味的女人就好像在读美文，好的文章光芒四射，引人阅读。好的美文，是作者心声的自然流露，她不堆砌、不雕饰，读的时候不觉得是在读文章，而是在欣赏一个生命。女人味也是这样。

大多数男人觉得，性感惹火的女性是女中精灵。或许是同性相斥的原因，女人眼中的女人味，是淡淡的书香气。

亦舒说："一般男人口中的女人味，不外是浓妆的憔悴。"这话不无道理。女人味之所以被称作"味"，就该给人"散发"的感觉，是慢慢感受到的，是克制和内敛的，否则叫什么女人味；不如直说是

"女人"。

味道是一种需要慢慢体会的东西，就像吃东西一样，需要"品"。她是朝夕相处后的渗透，是温柔和淡雅，是一种沁人心脾的甘甜。一切自然地展露才是美的，最怕不上不下的那种女人，装熟、装嫩，全让人别扭。

有女人味的女人，经过了生活的历练，心里装得住事，沉得住气，有大将之风。没听说过小家子气的女人被叫作有女人味的。

女人味需要有典雅大方、宁静致远的韵味，而且最最重要的是，要有一点点的神秘感。因为神秘感，会吸引人关注。但神秘感是怎样来的呢？就是因为含蓄。

一个女子，美到无以复加，兼有含蓄，人人对她充满好奇，但因为自身的庄重自强，没人敢轻率发问，让人又敬又爱，这就是女人味。这样的女人受过良好的家教，气质内蕴持久，绝不会因外界干扰而有所改变，相当注重自己独立的性格，当然不是不活泼，但也绝不张扬，言行举止恰到好处。

然而后天的教育程度、身处环境也极重要，也许有的女性最开始并不懂得女人味的含意，但书读得多了以后，身上会散发出淡淡的知性，这时整个人也有了女人味。特别要提到的，不是女人如何优雅、漂亮、温柔，而是敏感，那种若有若无的忧伤，才是女人味的极品。

淑女最具女人味儿。淑女温柔贤惠，但又不唯命是从。淑女的平和内敛，从容娴雅，不矫揉造作，不喜张扬，并不意味着丧失自我，平庸乏味，放弃自立，相反恰恰说明了她们内心的开阔和明亮。

淑女都有绝佳的高雅气质，"清水出芙蓉，天然去雕饰。"你只要看她的服饰穿戴你就知道，她绝不随波逐流，也不哗众取宠，简洁而别致，朴素而典雅。她的品位很高。淑女兴趣广泛，博才多艺。琴棋书画，诗词曲文，样样知晓，且能精其一二。

　　淑女恬淡宁静，随遇而安。她不会让虚荣的洪水淹没，也不会让名利的急火灼伤；她愿做一些有兴趣又有把握做好的事，而她却常常出人意料地悄然抽身，急流勇退。

　　淑女不叛逆，不前卫，不夸张，她们是本色的，低调的，内敛的。在一个强调自我设计、不乏自我炒作的现代社会，不免令人怀疑淑女是不是太缺乏竞争力了？她们是不是只能在古典的生活中，浮出徐徐暗香？

　　淑女是丈夫的好妻子，淑女是孩子的好母亲。淑女是姐妹的知心朋友，淑女是异性的红粉知己。淑女深谙做女人的本分，淑女也最能享受做女人的天赐幸福。

　　真正的淑女，是一种遵从自我意愿的选择，是女人味的自然流露。他们并不在意是不是被发现，被认可，她们隐没在茫茫人海中，像大海里的珍珠，沉静中透出典雅柔和的光芒。

书香女人，让你的美别具一格

　　美丽，可以说是女人永远不倦的话题，是女人一生执着的梦想。女人的美可以是多愁善感的，女人的美也可以是豁达开朗的；女人的美可以是温婉贤淑的；女人的美也可以是性感张狂的……美丽女人最重要的一条，就是由内而外散发的文化气质。

　　一个完整的、优雅的女人，仅仅拥有外表的高贵是远远不够的，更需要坚实的内在因素做后盾，即良好的文化修养。高贵的本质含义是：雅致的生活状态、深厚的文化修养和对荣誉、地位风轻云淡的坦然心境。

游观于都市，女人要做到目览情不放，要学会保持心理平衡，具备一定的识别能力，做到花开时没有世俗的炫耀，花落时也不会有痛苦的失落，永远保持一颗平常人之心。

而读书对于拥有这样的修养和这份心境是极为重要的，读书能使人变得睿智与坦荡，无欲则刚，心底无私天地宽。读书更能使人修德养性、智慧无穷、目光远大。

得体的装扮，优雅的举止，丰富的见识，这些都无一不透出女人优雅的气质和个人魅力。能正确自我欣赏的女人，大多受过良好的教育，聪明灵慧，她们出类拔萃，既不会盲目自卑，更不会盲目自大。

懂得自我欣赏的女人光彩照人，落落大方，但灿烂的笑里仍有一股凛然高贵的气质，让男人们仰慕的同时又有些敬畏。但是这种高贵的气质绝不等同于自以为是，盲目自我崇拜。

自我欣赏绝不是自恋，它是由理智、客观地对自己的认识引发出来的自信。而这种自信心会使女人在为人处事上从容、大度，不会陷入世俗的漩涡中。经过生活的磨砺和书籍的滋养，读书女人的美，是那举手投足的文雅、从容，是那直面人生的自信与成熟，是那博爱的含蓄、深沉，是那琳琅满目的化妆品无法修饰的风韵。

在最近的一份关于新女性的调查中，关于美丽，许多人认为：自然、健康、和谐就是美。同时，美又是一种气质、状态和过程。美好的女性应该拥有女企业家的胸怀和魄力，明星般的风采和学者的智慧。

杨澜以其自信优雅和企业家的胸怀被选为这种形象的代表，其他的代表还包括：王菲，宋庆龄、奥黛丽·赫本、关之琳、陈慧琳、戴安娜王妃、巩俐、靳羽西、居里夫人、龙应台、宁静等。绝大多数人同意女人不是因为美丽才可爱，而是因为可爱才美丽，而且受教育程度越高的女人越美丽。人们普遍认为，美能使人充满自信。

不少女人希望自己变得更充满智慧和自信，在当今竞争的社会中，她们不断努力，以自己的实力获得成功。在漫长的历史中涌现过一批才华卓越的女性，她们并不是以自己的美貌耀人，而是凭自己的才华名世，可以说，她们是现代女性学习的楷模。

汉末的蔡文姬、晋代的谢道蕴、唐代的薛涛，直到宋代的李清照、朱淑贞等等；还有名动上海滩，不染红尘烟火气的传奇作家张爱玲；万水千山走遍，情遗撒哈拉的流浪作家三毛；自比为以恋爱为全部生活的蝴蝶，在感情上却是一片空白的苏雪林；自比为狡兔三窟的孟尝君，灵魂却无处安放的庐隐。

又如"质本洁来还洁去，陶然青冢掩风流"的石评梅；凄风苦雨中苦苦挣扎，最终无奈早凋零的萧红；一身诗意千寻瀑，万古人间四月天的近代第一才女林徽因；一双眼睛也在说话，眼光里漾起心泉秘密的陆小曼；与波澜壮阔的20世纪同行，与爱同行的冰心；红色政权里最亮的一颗星辰丁玲……读书的女人，心有明灯，守得住心灵这个宁静的港湾，始终视书籍为精神的伴侣。

这些女性品德与学识并重，才华与美貌同辉。正是这些才女把政治风云变幻，战争波澜壮阔的社会装点得光彩夺目。她们关注女性生存的天空，寻找人类永恒的精神家园。

正是她们，让中国女性开始关注自身的生存状态，开始正视自己灵魂深处的呐喊，从而抛掉禁锢自己身心的裹脚布，走入社会；也正是她们，让整个社会开始正视女性的价值。从她们的生命历程，我们才看到：原来女性是可以这样活的，原来生命是可以这样张扬的。

"腹有诗书气自华"！读书之于爱美的女人，更是一种秀外慧中的完美打造。

读书的女人，心怀梦想，即使平凡如斯，仍能创造平凡的美丽和生活的乐园。在淡雅的生活中仍然能够享受花鸟树木、蓝天白云、繁星明月。永远相伴的梦想犹如她们生活中的一幅画、一首诗、一点安慰、一些希望、一段遐想、一片心境，神秘而真实。

读书的女人，心思聪慧，宽广质朴的爱，善解人意的修养，将美丽写在心灵之中。读书，使她们更潇洒；读书，为她们添风韵。即使不施脂粉她们也显得神采奕奕、风度翩翩，永远拥有一份不过时的美丽。

读书的女人，心有琴弦，纵然是独自漫步，也绝不会孤单无助。她们有自由的清风邀约，绿草花香为伴，有开阔的变幻莫测的白云为伴，在梦的天空总有那么一弯绚丽的彩虹。

读书的女人，情趣高尚，生活优雅，很少持续地去叹息忧郁或无望地孤独惆怅。重要的是她们拥有健康的身体，从容的心态，只要心境能保持年轻，对于年华的逝去也无所畏惧。

因为她们懂得与其停留在那忧郁的往事里，不如把这忧郁的时间和精力用来读书，使自己从忧郁的境遇中解脱出来，不怨环境，也无须艳羡别人，在有哲理的思考中让心情一天比一天愉快年轻。

读书的女人，用聪慧的心、宽广质朴的爱、善解人意的修养，把美丽写入心灵，用执着完美人生，将人生风雨化成驿路风景。

第四章
舌灿莲花，用语言开启成功之门

　　说话含蓄，是一种艺术："言有尽而意无穷，余意尽在不言中。"重要的、该说的部分故意隐藏起来，或说得不显露，却又能让人明白自己的意思，这就是所谓的"只可意会，不可言传"。委婉说话不仅是一种策略，也是一门艺术。

　　我们的人生成败，往往取决于某一次谈话，这话绝不是过分夸张的。无数成功者的事实证明，善于说话，并把话说到对方的心里，才是成功人生的催化剂。

谈吐有魅力，交流得人心

人与人在一起相处久了，慢慢地，外貌的因素就会逐渐淡化，而其他深层次的东西就会逐渐浮现出来。日常交流中占据了主体的是思想感情的交流，而其中最能够体现这种社会交往的就是语言。

有些女人长得很漂亮，衣着也很光鲜，可是说起话来空洞乏味、粗俗不堪，甚至面目可憎，这样的女人便永远与美丽绝缘。

一个女人如果只知道化妆打扮，而不懂得如何让自己的谈吐得体优雅，就难免落得个虚有其表，令人讨厌的下场。久而久之，这种女人能够获得的称号充其量也就是一个"花瓶"，更何况"花瓶"也不是人人都能够当得了的，也是需要有相当的先天资本的，而且就算有了这种资本，后天时光的痕迹也无法让人忽视。

女性的风度、气质和美，很大程度上都体现在谈吐中。谈吐不仅指言谈的内容，也包括言谈的方式、姿态、表情、语速以及声调等。淑女文雅的谈吐也是学问、修养、聪明、才智的流露，是女性魅力的来源之一。

日常的交谈，既有思想的交流，又有感情上的沟通，而能完美地将两者结合在一起的交谈，才是让人身心愉悦的一项交流活动。反之，任何贫乏、枯燥无味、粗俗浅薄的语言，都会使人感到厌恶。

因此，如果女人的谈吐既富有知识、趣味，又不失幽默，而且还能用丰富的表情和磁性的声音来表达，那倾倒的就不仅仅会是听者了，对于女人自己来说，这也是一项审美和展现美的艺术活动。

女性优雅的谈吐直接关系到她展示在人前的美丽和高贵。这种谈吐上的优雅与形式上的交谈礼仪密切相关，渗透于交谈的态度、语言、内容、距离、声音等方面。

第一，交谈的态度。很多时候，聊天只不过是一种打发和消磨时光的方式而已。言谈本身的内容并不是最重要的，而表现这种内容的形式却往往显得非常重要。这种重要性，就表现在人们对于说话态度的重视。

傲慢是交谈中最忌讳的，它既是对你所交谈的对象的不尊重，同时也是对自己的不尊重。这种傲慢即使只是你不注意间的流露，也会使对方铭记在心。

在聊天的时候，能够体现以诚相待、以礼相待、谦虚谨慎的基本态度是最好的。这样的态度给人的印象是谦和有礼，让人想亲近，也会为自己以后的进一步交际打下良好的基础。

如果你跟别人说话的时候，眼珠一动不动，眼神呆滞或者目光游离、漫无边际，你可以尝试着转换角色，试想一下如果是别人在跟你聊天的时候表现出这种精神状态，你会做何感想？是的，你这种不礼貌的做法会直接影响到对方说话的情绪。

交谈中，眼神是最为重要的交流工具。你可以一言不发，但你赞许、善意的眼神足以让人对你印象深刻。

千万不要故作忸怩，自然的表情其实是最动人的。目光最好专注一些，活动范围一开始的时候可以调整在对方的双眼和上顶角之间，慢慢习惯了之后，这个范围就是你和别人聊天时候的最佳视力活动区域了。

　　之后便是或注视对方，或凝神思考。这样做，别人会感到你倾听的诚意，而且也会营造出一种良好的社交气氛。如果是多人交谈，就应该不时地用目光与众人交流，以表示交谈是大家的，彼此是平等的。

　　同时，还需注意倾听。倾听本身就是一门艺术，是与交谈过程相伴而行的一个重要环节，也是交谈顺利进行的必要条件。有的时候，说话人需要的可能只是话语的发泄，尤其是当那个人的心情极为不好的时候。

　　所以要谨慎插话，不要抢话题，追求独角戏，也不要对他人的发言不闻不问。随便打断别人的话是很不礼貌的行为，尽量让对方把话说完之后再发表自己的看法。如确实想要插话，你也应先行向对方打招呼："对不起，我插一句行吗？"

　　第二，交谈的语言。语言的运用是否准确恰当，会直接影响着交谈能否顺利进行，也展现着一个女人的内涵。所使用的语言过于雕琢，甚至咬文嚼字、矫揉造作，满嘴的专业术语和"子曰诗云"，堆砌辞藻、卖弄学识，这种女人只会让人闻之生厌，不知所云。因此，如何恰如其分地运用语言，也是非常重要的。

　　在交谈中，要注意称呼对方的方式，同时多使用敬语、谦语、雅语，善于使用一些约定俗成的礼貌用语，如"您""谢谢""对不起"等。

　　交谈中应当尽量避免一些不文雅的语句和说法，一些不宜明言的事情可以用委婉的词句来表达。例如你想要上厕所时，可以说："对不起，我去一下洗手间。"说话时体现礼貌的关键在于尊重对方和自我谦让。

　　而在日常的聊天中，我们应当力求用简单明了的语言，言简意赅地表达自己的观点和看法，切忌喋喋不休。同时，尽量不要提出一些只能让人回答"是"或"不是"的问题，这种提问等于在扼杀谈话，在谈话中，要能够给人展开话题的余地。也不要说出太随便的话，否则很有可能会冒犯到新认识的朋友，使得自己之前所做的努力全部浪费。

　　第三，交谈的话题。谈话的本质是一种交流，是双方互动的。在话题的选择上，应多为谈话对象着想，根据对方的性别、年龄、性格、民族、阅历、职业、地位来选择适宜的话题。如果完全不考虑这些因素，交谈就难以引起对方的共鸣，难以达到沟通和交流的目的，甚至出现对立的情况。

　　正是由于交谈各方往往有着不同的性别、年龄阅历和职业等主观条件，交谈中经常会发现彼此有不同的兴趣爱好、关注话题等。遇到此种情况，可以选择大家都感兴趣的话题作为谈话内容，使各方在交谈过程中能够彼此呼应、热情参与。

　　如果选择了双方都不感兴趣或者只有一方感兴趣的话题，交谈只能是不欢而散。如果交谈各方在交谈中对某一问题产生了意见或观点的分歧，不妨进行适度的辩论。

　　但这种辩论是建立在理性基础上的，如果谁也不能说服谁，就应当克制自己的情绪，保留分歧。切不可为了强行说服别人而争得面红耳赤，导致不欢而散，这样也会显得你争强好胜，没有气度。

　　我们选择话题的前提是这些话题是自己擅长的内容，这样才会在交谈中驾轻就熟、得心应手，并令对方感到自己谈吐不俗，对自己刮目相看。选择对方所擅长的内容，既可以给对方发挥长处的机会，调动其交谈的积极性，也可以借机向对方表达自己的谦恭之意，并可取人之长，补己之短。

应当注意的是，无论是选择什么话题，都不应当涉及另一方一无所知的内容，否则便会使对方感到尴尬难堪或者令自己贻笑大方。

同时，也可以选择轻松的内容进行交谈，除非必要，切勿选择那些让对方感到沉闷、压抑、悲哀、难过的内容。要回避忌讳的内容。

例如不干涉对方的私生活，不过分地关心他人的行动去向，不追问他人年龄、婚姻、收入状况或他人的身高体重等，可以选择一些高尚、文明、优雅的内容，例如哲学、历史、文学、艺术、风土、人情、传统、典故以及政策国情、社会发展等话题；不宜谈论庸俗低级的内容，如男女关系，凶杀惨案，更不应参与讨论小道传闻。

第四，交谈的距离。周敦颐《爱莲说》是千古名篇，里面有一句经久不衰的话："只可远观而不可亵玩焉"，讲的就是距离产生的一种高洁的美，这种美也应该是女人自身的美好品质之一。

人与人相处是要有距离的，它包括心理的距离和身体的距离。与人交谈，依亲疏远近应有不同的尺度，如果靠得太近，不但无法拉近心灵上的距离，反而会带给对方压迫感。

距离感的掌握是出于对方能否听清自己的说话的考虑，也是一个如何才更合乎礼貌的问题。如果双方距离过远，会使对方误认为你不愿和他友好亲近，这显然是失礼的；然而如果在较近的距离和人交谈，稍有不慎就会把唾沫溅在别人脸上，这也是非常令人讨厌的。

如果先用手掩住自己的口，这样做形同"交头接耳"，样子难看而且不够大方。因此从礼仪角度来讲，交谈时一般保持一两个人的距离最为适合。这样做既让对方感到有种亲切的气氛，同时又保持一定的社交距离，对于交谈双方来讲都是比较合适的。

第五，交谈的声音。优雅的谈吐也体现在富有磁性的声音上。温柔的声音是人类中最美妙、最动听的声音。在生活中，凶悍的、高调的声音不可能是美的，它往往给人留下极其恶劣的形象。

有感情、有柔情的声音是美的。越是富有感情，声调越低，女人这种低而轻柔的声音越是具有无限的魅力。

女性在公众场合不能用太高的声音说话，这样做既是尊重谈话双方的隐私，不至于为双方带来尴尬，也体现了自己的柔美和信心。

在交谈中，树立你的美丽形象

你说话的时候喜欢手舞足蹈吗？你和别人打交道的时候脸部的表情丰富吗？对于女人来说，什么样的姿态是内敛的，什么样的姿态是嚣张的，什么样的姿态才是美丽的呢？

与人交谈时，你可能喜欢抚摸一下头发，摆弄一下戒指或者移动一下眼前的茶杯，这些举动被交谈对象看在眼里，他就会对你有一个评价。

人们在交谈的时候往往会伴随一些有意无意地动作，这些肢体语言通常是自身对谈话内容和谈话对象的真实态度的反应。举止在心理学上称为"形体语言"，是指人的肢体动作，是一种动态中的美，是风度的具体体现。

在某种意义上，肢体语言绝不亚于口头语言所发挥的作用。举止礼仪并不是个别人规定出来的，而是被大多数人实践并被充分认可的。你如果做不到，就会被大多数人看不惯，就会认为你对周围人以及交往对象不尊重。

人们往往使用肢体语言来表述心中的想法，那或许是自己都没有意识到的，却是最真实的。掌握了肢体语言，你将会获得一项在与人相处时用处颇大的法宝。

作为一个女人，你拥有姣好的面容，迷人的身材，得体的语言……可能你的一切都很完美，但是一些不大适宜的形体动作却破坏了你完美的形象，使你之前的一切努力都化为泡影。

在社交的时候，我们一定要注意控制、规范自己的形体语言，借之加深听话者的印象，而不至于起到相反的不利效果。

事实上，人际互动时，非语言行为蕴藏的信息，往往比语言行为更丰富、更真实。我们偶尔会听到这样的一些评论："她说话好嗲，还搔首弄姿，让人浑身不自在。""她的眼睛简直会说话，真是楚楚动人。"

形体语言是他人评价一个女人的另一把标尺，也是女人在其他人眼里的形象定位的基础所在。

交谈时适度的动作是必要的。例如，发言者可用适当的手势来补充说明所阐述的具体事由。倾听者则可以用点头、微笑来反馈"我正在注意听""我很感兴趣"等信息。适度的举止既可表达敬人之意，又有利于双方的沟通和交流，但是要避免过分、多余的动作。

与人交谈时可有动作，但动作不可过大，更不要手舞足蹈、拉拉扯扯、拍拍打打。为表达敬人之意，切勿在谈话时左顾右盼，或是双手置于脑后，或是高架"二郎腿"，甚至剪指甲、挖耳朵等。

交谈时应尽量避免打哈欠，如果实在忍不住，也应侧头掩口，并向他人致歉。尤其应当注意的是，不要在交谈时以手指指人，因为这种动作有轻蔑之意。

回忆一下自己在与人交谈时的习惯动作，看看自己是否有需要改善之处。这能够帮助你避免一些不必要的误会，也可以让你的谈吐姿势变得更加完美。

微笑，是女人嘴边最美的花朵

走向成功的路有千万条，微笑和信心只是助你走向成功的一种方式，但这又是不可或缺的方式。

日本推销之神：原一平一个在家庭和事业上都很成功的女人在谈到自己成功的秘诀时说："如果你的长相不好，就想办法让自己有才气，如果你没有才气，那你就保持微笑吧。"

一个女人的微笑如同三月里的春风一样，拂面而不撩人。如果一个女人脸上总是挂着如同蒙娜丽莎般的微笑，就能够吸引很多人的目光，也能够吸引很多帮助她走向成功的人。

微笑有让一切困难迎刃而解的力量，微笑也是激励女人走向成功的一种助力。正像著名的作家古龙曾经说过的："微笑时可以应付一切的表情，热情、冷漠、嘲讽、关怀、仇视、失败、成功……"

在如同战场的商场中充满着激烈的竞争，强手如林，女人要想从中找到自己的一席之地，势必会遇到很多困难，这时微笑就是女人最好的武器和名片。女人如果想得到成功的机会，不仅需要具备良好的素质、知识和能力，还需要有积极的心态和一抹动人的微笑。

事实证明，微笑不仅能让女人显得年轻漂亮，还可以给女人一个好的心态去做自己想做的事情。同时，微笑还会让周围的人感受到自己的快乐，进而跟着自己的步调一起快乐起来。

丹唇未启，微笑是女人嘴边最美丽的一朵花，而那些整日愁容满面的女人则没有意识到自己其实忽视了一个最有魅力的武器。

当女人面对别人锐利的眼光时，不要有以牙还牙的想法，而应该报之以微笑；对于那些生性乖僻、腼腆的人，若能笑脸相迎，相互间的隔阂就会消除，对方紧绷着的脸就会很快地松弛下来，并露出笑容。这种微笑或笑脸，好比是投向水面的小石块，能不断地增加和扩大亲切友好的涟漪。

芬蒂是一位娇小玲珑且性格温柔的淑女，可是与她共同工作的同事约克却高大魁梧，性情急躁、暴烈，经常与人发生冲突。但他们俩之间却很少发生激烈的争执。

究其原因，芬蒂说："我从不会在他生气的时候火上浇油，不管他当时多么气愤，我都会微笑地面对他，只有这样他才会很快地平静下来。

他是个急脾气的人，有时生气时手都气得发抖，可我只会轻声劝他，然后用最温柔、最简单的话告诉他做一件事的最终目标，而发怒对事情毫无益处，还会带来一些不良的后果。

当然，有时他嘴上还是显得那么不服气，但最后还是会听我的告诫。面对他的急躁，我只选择微笑地面对，用微笑去暗示他，事情并没有他想的那么糟糕，这样让他的心理压力减轻。由此我发现以微笑面对事情是一个很好的办法，尤其是面对一个脾气暴躁的男人时。

　　但有些时候，当微笑没有效果时，我也会用严肃的语气警告他。不过我不会选择和他吵架，吵架是不明智的。当我偶尔拉下脸时，他会感到很意外，然后三思而后行。我从不让自己过分地纵容他，我会用百分之九十九的温柔加上一分强硬来面对他。"

　　有一次，两人刚做完市场调研回到公司，约克说希望芬蒂在一个小时内做完分析报告，可是时间还没到就不停地催促。芬蒂总是微笑着说："别着急！约克，很快就好了。"终于约克失去了耐性发起脾气，责备芬蒂做事总是这么慢。

　　芬蒂不急不躁微笑着说："你需要的是一份真实反映市场的以数据为依据的报告，还是一份没有根据的报告？如果是后者我可以立即给你，如果是前者可能还需要耐心等待，对数据的计算分析需要时间，而且为了保证分析的正确性希望你不要总是打搅我，谢谢你的合作，亲爱的约克。"

　　这番话说完，约克只好默不作声。面对芬蒂的微笑他还能说什么呢？

　　本来认真工作的芬蒂不断地受到同事粗暴的催促与打断，心情一定很烦躁，这时如果她冷言相对，或是加以讥讽，那么一场战争不可避免地将会发生，工作进展一定会延误，以后的合作也就更难进行。

　　相反，一个微笑、一番和言善语不但化解了自己被打扰的困境，也有力地反驳了对方，争取了同事的合作，而且使工作得以更快地完成。

　　微笑可以缩短人与人之间的距离，它是一把人与人心灵沟通的钥匙，可以打开人们之间心灵的窗户。微笑使女人的脸上透着安详、慈善，它就像一管镇静剂，能使暴怒的人瞬间平静下来，使惊慌失措、紧张不安的人立刻松弛下来。

成功的确需要很多东西，但不可否认的是所有的成功都是从微笑开始的。微笑意味着魅力和智慧，它是女人走向成功的最佳武器。

巧言得人心，做领导的贴心人

语言是一块琥珀，许多珍贵和绝妙的思想一直安全地保存在里面。一手漂亮字，一口漂亮话则是人出门在外的两块"敲门砖"。可见会说一口漂亮话对人的成功有多么的重要。

语言是人与人之间沟通的主要手段，人们思想感情的交流绝大多数是通过语言这种形式完成的。语言练达的女人，可以将言语作为一种通向成功的武器，去解决生活中的种种冲突和矛盾，取得他人的信任、获得他人的帮助。

一个人想要成功，是要经过一个奋斗过程的。女人在一开始走入职场的时候，也许面对领导只是人群中不起眼的丑小鸭。这时，女人如果想要引起领导的注意，让自己接近成功的目标，就要想办法成为领导的贴心人，因为领导会帮你走向成功。凭自己的一张巧嘴，用语言的技巧来维护你的领导是女人成功的一条捷径。

事实证明，领导比其他人更渴望得到肯定与赞美。这是一种心理上的需要，因为领导在做出决策的时候是孤立的，他们对于一项决策能否取得成果心里也没有底，在见到结果之前他们的内心往往是焦虑不安的。

这时，女人如果用一张巧嘴去肯定和支持他们，维护他们作为领导的尊严，那么很容易就会成为领导的贴心人，从而踏上成功的跳板。

作为一个聪明的女人，想做领导的贴心人就应该认识到，领导的尊严是不容侵犯的，颜面也是不容亵渎的。在领导理亏时，应该学会不留痕迹地给他留个台阶，要知道，当众纠正领导的错误远不如私下里的婉言提醒，消极地给领导保面子不如积极地为领导争面子。

《红楼梦》主要人物之一王熙凤就是一个会说话的女人典型，姑且不论她最终的结果如何，单就在贾府这个社会圈子来说，不可否认她获得了极大的成功：深得最高领导贾母的赏识，当上了贾府的"CEO"。这与王熙凤的伶牙俐齿、能说会道是分不开的。

贾母的大儿子看中了贾母身边的丫鬟鸳鸯，并加以威逼，鸳鸯不从，到贾母跟前跪下，一面哭，一面诉说，最后用剪子剪头发，表示即使出家当尼姑今生也不出嫁。

这气得贾母浑身打战，直说："我就剩了这么一个可靠的人，他们还要来算计！"

因见王夫人在旁，便向王夫人发脾气道："你们原来都是哄我的！外头孝顺，暗地里盘算我！有好东西也来要，有好人也来要。剩了这个毛丫头，见我待她好了，你们自然气不过，弄开了她，好摆弄我！"

王夫人忙站起来，不敢还一言。薛姨妈见连王夫人都被怪上了，反不好劝了。探春是个有心的人，想王夫人虽有委屈，如何敢辩。薛姨妈是亲妹妹，自然也不好辩。宝钗也不便为姨母辩。李纨、凤姐、宝玉一样不敢辩。惜春小不懂其中的厉害，于是赔笑向贾母道："这事与太太有什么相干呢？

老太太想一想：哪有大伯子的事，小婶子如何知道的？"

话未说完，贾母也意识到了不该跟王夫人发脾气，就让宝玉帮忙道歉："宝玉，我错怪了你娘，你怎么也不提醒我，看着你娘受委屈？"

宝玉笑道："我偏着母亲说大爷大娘不成？通共一个不是，我母亲要不认，却推谁去？我倒要认是我的不是，老太太又不信。"

贾母笑道："这也有理。你快给你娘跪下，你说：太太别委屈了，老太太有年纪了，看着宝玉罢。"

宝玉听了，忙走过来，便跪下要说。王夫人忙笑着拉起他来，说："快起来，断乎使不得，难道替老太太给我赔不是不成？"

当贾母怪王熙凤不提醒自己时，凤姐笑道："我倒没说老太太的不是，老太太倒寻上我了？"

贾母听了，和众人都笑道："这可奇了，倒要听听这个'不是'？"

凤姐道："谁叫老太太会调理人？调理的水葱儿似的，怎么怨得人呀？我幸亏是孙子媳妇，我若是孙子，我早要了，还等到这会子呢。"

贾母笑道："这倒是我的不是了？"

凤姐笑道："自然是老太太的不是了。"

贾母笑道："这么着，我也不要了，你带了去罢。"

　　凤姐道："等着修了这辈子，来生托生男人，我再要
罢。"

　　贾母笑道："你带了去，给琏儿放在屋里，看你那没脸
的公公还要不要了！"

　　凤姐道："琏儿不配，就只配我和平儿这一对'烧糊了
的卷子'和他混罢咧。"说得众人都笑起来了。

　　为什么贾母刚发脾气的时候，凤姐一言不发，但是年龄最小的惜
春出言相劝后，贾母怪罪凤姐不提醒，凤姐三言两语一番看似编排领
导的不是，说是将鸳鸯调教得太好而惹出的是非，实际上却是夸贾母
培养有方。

　　可见在贾母生气的时候王熙凤没有说话，是担心言语不当会让贾
母没有面子，维护了贾母的尊严，等贾母的气基本上消了，似贬实扬
的话语让众人都笑了起来。王熙凤的高明之处就在于此。

　　试想，如果每个女人都像王熙凤这样在谈笑间用一张巧嘴就能化
解激烈的矛盾冲突，让自己的领导哈哈一笑，又怎么能不成为领导的
贴心人呢？

灵活的语言，为你消除麻烦

　　女人在和他人的交往过程中，要坚守自己的原则，不符合原则的
事坚决不能妥协。如果某人向你提出要求，但是这个要求不符合自己
做人做事的原则，就不要答应。

话虽如此，但是女人应该怎样拒绝别人呢？有时候，不是一个简简单单的"不"字就能解决一切，如果用不恰当的方式拒绝了别人，很可能为自己堵上一条成功的路。

一个聪明的女人是不会这样做的，她们懂得在拒绝的同时讲究说话的方式方法，用灵活的语言处理人际关系。她们还会根据交往的内容和场合等，采取灵活的策略，做到原则性和灵活性的统一，从而维持一种和谐的人际关系。

一个公司的经理正在召开各部门主任开会讨论确定一个新商标。其实，这个新商标，经理在开会前心里已经确定了一个，但是为了让大家感觉到民主，仍然向众人说道："各位，今天就商标的事征询一下大家的意见，我个人已经选了一个，我的意见是就用这个旭日商标，大家觉得怎么样？王先生，你觉得如何？"经理问营业部主任。

接着经理又问了其他几个部门主任，大家异口同声地赞赏经理选中的商标。最后问道一名叫玛瑞达的女职员，她本来是一个出口部的员工，因为出口部主任出差了，她临时代替主任来参加会议。

"经理，我认为您这个商标确实不错，但是作为我们公司用并不合适。"玛瑞达首先坚决地表明了自己的观点。其实玛瑞达凭自己的直觉很讨厌这幅一点艺术水准都没有的商标画。可是当经理要她陈述理由的时候，她想了想，没有把自己真正的理由说出来。

聪明的她想了一个绝妙的借口，她说："其实我也很喜欢这幅画，只是考虑到这幅画给别人的感觉恐怕不是太好，虽然它重视了我们公司的贸易伙伴日本，但却忽视了另一个正在努力开拓的市场美国，如果以这个商标作为我们公司的标志，那么非但美国方面不会再订我们的货，就连以前订的货都可能被退回。

美国人怎么会容忍一个酷似日本国徽的商标出现在市场上呢？况且全球有许多国家都存在强烈的抵触日本的情绪，如果用一个酷似日本国徽的商标，我们还能占领全球的市场份额吗？您觉得呢？"

经理思考了一下，被这位年轻女职员的陈述折服了，欣然采纳了这位女职员的意见，更换了商标。半年后，这位女职员当上了出口部的主任。当然不仅仅是因为她的独到见解，更重要的是因为她会用巧妙的方法对上司说"不"，并让上司接受了她的意见。

女人应该学会使用灵活的语言巧妙地拒绝别人，这样既能维护自己的原则，又不会伤害对方的感情，使他人能够高高兴兴地接受你所表达的每一个"不"。委婉拒绝或声东击西，或迂回转进都是巧妙拒绝的一种方法，运用这些方法的女人不直接拒绝，却会让对方知难而退。

女人在拒绝他人的时候，所用的表达方式应该尽量不使对方产生紧张的感觉，也要设法不让对方或自己陷入紧张的状态之中，这是使用拒绝的语言艺术时所必须做好的基本心理准备。常见的婉言拒绝艺术有如下几种：

第一，女人要学会用亲人的意念拒绝别人。当朋友要求你做一件事的时候，你基于某种理由实在不想加入其中，可以用亲人的意念拒绝别人。例如"抱歉，爱人不希望我那样""我不想再增加妈妈的烦恼了""我不想让孩子太失望了"。

亲人的意念是最充足的理由，别人也就不会强求如此，这样就达到拒绝别人的目的。

第二，可以试着用学习和工作为理由拒绝别人。女人在拒绝别人的时候，可以用学习和工作为理由，例如"对不起，今晚我有一个培训课要上""不好意思，今晚我要加班，没有时间"。

这样既便于启口，也如愿拒绝了别人的要求，同时在无形中为自己树立了良好的形象，使对方认识到你是富有上进心的女人，你对工作的态度比较认真。

第三，沉默和微笑拒绝别人也是良方。沉默与微笑是帮助女人拒绝别人，摆脱困境的好方法。当别人说出某种建议问你同意与否时，你可以用沉默作答，以示否定。当别人希望你提供某种帮助，而你又实在为难时，不妨不置可否，以笑代答。

第四，女人可以用"是……然而"的句式拒绝别人。心理学家的研究表明：当一个人说"是"的时候，他的肌体就呈现放松的状态，使他能在轻松的心理感受中继续接受信息。尽管最终转折了，但这样柔和地叙述反对意见，对方较易接受。

所以当你的意见与领导的看法有出入时，你可以这样回答："是的，您说的一点也不错。不过，结果会不会是这样的呢？请允许我说一下我的看法……"在和他人交往的过程中，这种拒绝法颇为有效。

就像1972年5月27日基辛格在莫斯科一家旅馆里接受记

者的访问时一样。

当他说到"苏联每年大约生产250枚导弹时"时，一位记者问："我们每年的产量是多少？我们有多少'民兵'导弹在配置分导式多弹头？我们有多少艘潜艇？"

基辛格这样回答记者："对于前两个问题，我知道的并不详细。至于潜艇，我的确知道数量，但我不知道这是不是机密。"

记者说："这不是机密。"

基辛格反问道："是吗？不是机密吗？那你说潜艇是多少艘呢？"

记者哑口无言。

生活中有些女人是不善于拒绝的，所以有些时候别人正是利用了女人的这种顾虑。其实拒绝是女人在和他人交往中的一项重要内容，同时也是女人走向成功不可缺少的部分。

成功女人即使在说"不"的时候，也会让人感到心情舒畅，从而产生出一种更加愿意与之交谈的意愿，这正是女人运用语言的典范，也是女人走向成功很重要的一步。

记住别人，助你敲开成功之门

女人在很多的时候往往不知该怎样与他人打开话题，过于热情就会显得虚假，失去真诚。过于谨慎又会因为不自然而显得尴尬。

这时，如果你能记住你所见过的每一个人的姓名、喜好、生日等信息，那么打开话题就会变得轻而易举，你可以拍拍别人的肩膀，问候一下他的家人，谈论他的喜好，那么自然、亲切的交谈就会在不知不觉中进行。

你应该明白，名字不仅仅是一个人的符号，而且是语言中最甜美的声音。记住别人的名字，并把它叫出来，就等于给了对方一个很巧妙的赞美。美国钢铁大王卡耐基也曾经认为记住别人名字对于成功是很重要的。

卡耐基曾是美国经济界的巨头，当记者问他是怎样取得今天的成功时，他说出了两个基本的因素：第一是不管大事小事，都会认真去做；第二是力求上进与发奋。他所说的认真做事，就包括记住别人的名字，而且他本身就是一个很好的例子。

卡耐基在很小的时候就表现出良好的组织和领导的才能。他在十岁的时候就发现人们对自己的名字十分重视。于是，他就利用这个发现去获得与别人合作的机会。

当时有人送给卡耐基一对兔子，他非常喜欢。不久后，兔子又生了一窝小兔子。给兔子喂食成了卡耐基的难题。但是他想出了一个好主意，他把邻近的孩子都找来，告诉他们如果谁愿意割充足的草来帮助自己喂养小兔子，就会用他们的名字给兔子命名，以纪念他们的功劳。这个主意取得了很好的成效，一窝小兔子的吃饭问题很快就解决了。

许多年以后，卡耐基又用同样的办法获得了一笔巨额的利润。

在一次生意中，他准备将钢铁路轨卖给宾夕法尼亚的铁路局，当时汤姆生是铁路局的重要领导。于是卡耐基就建造了一所名为"汤姆生钢铁厂"的大钢铁厂，这个创意让汤姆生很高兴，他们合作得也非常愉快。

还有一次，卡耐基的公司与普尔门所经营的公司竞争一条铁路卧车的经营权，由于立场不同，双方开始互相排挤。面对这样的局面，卡耐基决定和普尔门合作，他建议把两家公司合并，组成一家新公司大家共同获利。

当普尔门问卡耐基新公司的名称时，卡耐基毫不犹豫地说："当然是叫普尔门皇宫卧车公司。"听完卡耐基的话，普尔门立刻表示出有兴趣的样子，并愿意和他详细谈论合作的细节。正是这次谈话创造了实业界的奇迹，他们合作得非常成功。

卡耐基还能够叫出许多工人的名字，这是他引以为豪的事情。而且他非常自豪地说，当他开始管理的时候，罢工的事情从来没有发生过。卡耐基正是凭着这种记忆力和尊敬别人名字的策略成了商界领袖。

与此类似的故事还有曾经当选过民主党全国委员会主席，还担任过美国邮务总长的吉姆，他并没有上过中学，但是到他46岁时已有4个大学赠予他荣誉学位。

吉姆小的时候，父亲在意外中去世了，10岁时，他不得不辍学到砖厂去工作。虽然他受教育的机会有限，然而他凭着爱尔兰人愉快的特性和讨人喜欢的本领，经过多年的努力和参政，使他养成了记忆人名的奇异能力。

最初，不管在什么地方遇见一个陌生人，吉姆都会问清对方的姓名、职业性质、家中人口、政治倾向。之后他就用心牢牢记住，下次有机会再遇到那个人，即使相隔时间较长，他也能拍对方的肩膀，问候别人的妻子、儿女。这样时间长了，吉姆就能记住他所见过之人的喜好，赢得别人的喜欢和追随。

也正是这种能力帮助吉姆将罗斯福送入了白宫。在罗斯福开始选总统前的数月，吉姆一天向西部及西北部各州的当地政府官员发几百封信，然后他跳上火车，用19天的时间，经20个州，行程达12000公里。每进入一个城镇，会见当地的人，与他们同吃同住，同他们进行"心与心"的谈话，之后再前往下一个旅程。

回来以后，他立即给当地政府官员写信，请他们将他拜访过的所有群众名单寄给他。最后那些名单的名字多得数不清，但名单中的每个人都得到吉姆一封私函的巧妙言辞。信中用"亲爱的高尔"或"亲爱的约翰"等开头，而最后总是亲笔签着"吉姆"。

有一位记者去访问他，问他成功的秘诀。他回答："苦干。"

记者说："不要开玩笑。"

他问记者："你以为我成功的秘诀是什么。"

记者回答说："我知道你能叫出一万人的名字来。"

"不，你错了，"他说："我能叫出五万人的名字。"

所以说，当你记住别人的姓名并正确地喊出来时，你就对他有了巧妙且很有效的恭维，同时你也就找到了愿意帮助自己的合作伙伴。如果忘了或记错了别人的名字，很可能就将自己置于很不利的位置上。

投其所好，让合作变得更愉快

良好的沟通始于人与人之间的情感共鸣，成功的女人往往能够留心对方的举止和言谈，从而发现一些对方认为值得谈的事情，然后作为交谈话题的突破口，从而打开话匣子，和他人产生共鸣。女人只有找到共鸣的因素后，才能打破与他人之间的壁垒，使对方愿意"倾心而谈"，从而达到自己的目的。

著名相声演员姜昆有一次到湖北十堰市演出，众多新闻媒体的记者纷纷前来采访，不料，低调的姜昆一一婉言谢绝，这使得记者们十分失望。

但是，有一个爱好相声的女记者却再次叩响了姜昆的房门，说道："姜老师，我是一个相声迷，我对您的演出有些意见……"

姜昆一听是为自己的节目提意见来的，便十分热情地打开了房门，接待了她。

这位女记者正是利用她和对方对相声的共同爱好和巧妙地提意见做文章，打开了姜昆的"话匣子"，顺利完成了采访任务。

一个善于沟通的女人，会根据相近的地域、职业的相似、年龄近似、处境雷同等直接相似因素，以及对方与自己的亲戚、朋友、同学、邻居等有联系的间接相似因素，沟通情感、找到共同话题的桥梁。

一位女记者曾讲述过自己采访的一段经历：

> 她去某地农村采访，住在一个老大娘家，进门打过招呼后便说："听口音大娘是山东人，好像是鲁中南的吧？"
>
> 大娘说："是呀，我老家是山东阳谷。"
>
> 她接着说："听我父亲说，当兵时，他们连队山东人可多啦，连长、排长、班长都是山东人，他对我说山东老乡特别能吃苦，对国家的贡献大着哩。"
>
> 这番话引起了老大娘交谈的愿望，勾起了对往事的回忆，讲起了过去的事情，女记者记录了不少有用的材料，收获颇多。

上面故事中的女记者就是因为和这位山东的大娘找到共同感兴趣的话题，才取得了采访的好成绩。所以当你在和别人谈论对方认为值得谈的事情时，一定要掌握以下技巧：

第一，因人而异。人的素质有高低之分，年龄有长幼之别，因此谈话要因人而异，突出个性。

老年人总希望别人不忘记他当年的业绩与雄风，同其交谈时，可从他引以为豪的过去谈起；对年轻人不妨从他的创造才能和开拓精神谈起；对于经商的人，最好从他生财有道谈起；对于有地位的官员，可从他为国为民，廉洁清正谈起；对于知识分子，可从他知识渊博、宁静淡泊谈起；对于少女要从她靓丽的容貌说起。当然这一切要依据事实，有诚意地去寻找情感的共鸣。

第二，从细节处谈起。如果着眼于对方的服饰、谈吐、举止，发现对方在这些方面的出众之处，并以请教、学习的话题谈起，对方一定会高兴地接受。

从别人认为值得谈的话题谈起不但会使对方产生心理上的愉悦，还可以使你经常发现别人的优点，及时寻找新的情感共鸣，因此要以乐观、欣赏的态度去谈论对方认为值得谈的事情。

第三，翔实具体。生活中有显著成绩的人并不多见。所以，在与人交往的过程中应该从具体的事情入手与对方进行交谈。在开始时，谈话内容越详细具体，说明你越了解对方，对对方的成绩和事情越看重。

这样的谈话让对方可以感觉到你的真诚、亲切和可信，你们之间的距离就会越来越近。如果你只是含糊其辞，说一些"你很能干，值得我们学习"或者"你是一位卓越的领导"等空泛飘浮的话语，那就只能引起对方的猜度，甚至产生不必要的误解和信任危机。

第四，合乎适宜。在与人沟通时要做到合乎适宜、相机行事、适可而止。当别人计划做一件有意义的事时，应该和他谈论他的计划，并帮助他把计划完善，提出具体的步骤和措施，并激励他下决心做出成绩。让对方为这个计划的成功而自豪，侃侃而谈。

只要学会了投其所好，一定会让你的交谈顺利通畅，让彼此的合作也很快达成。

赞美技巧，让彼此合作更融洽

赞美的话犹如大自然的花朵，令人赏心悦目。人们总是喜欢听好听的话，即使明知对方讲的是奉承话，心里还是免不了会沾沾自喜，这是人性的弱点。

当然，如果赞美话说得太露骨，别人觉得你不够真诚，即便心里喜欢，表面上也会表示厌恶的。所以，女人在和人相处或合作的时候，要多说点好听话，多赞美人没什么坏处，而且还会让你与他人相处或合作得更加愉快。

赞美是需要讲究技巧的，要说得人打从心眼里喜欢听。现在有一种说法颇为流行，那就是"赞美能使羸弱的躯体变得强壮，能给恐惧的内心带来平静和信赖，能让受伤的神经得到休息和力量，能给身处逆境的人以求得成功的决心。"

好人有优点也有缺点，而坏人也有值得赞美的地方，人人都有值得称道的地方，只要你真心地去赞美别人，就会发现适时的赞美能让人办事更易，更容易踏上成功的道路。

有一位广告设计师史小姐，她所租的房子快到期了，周边的房租价格已经涨了许多，史小姐不想再搬家，又不想让房东提高房价。

　　她说："我打电话给房东，说在租约期满后准备搬出去，但实际上我并不想搬，总是搬家太麻烦，只希望房东能够按照原来的价位将房子继续租给我。但是房东没有表态。"

　　打完电话，史小姐估计成功的希望不太大，因为身边的很多房客都失败了，而且自己的房东是难以应付的。不过史小姐当时正在学习待人接物的艺术，她决定再试一试。

　　第二天房东登门拜访，史小姐在门口很客气地迎接了他，没有一开口就提及租金的事，而是说她如何喜欢这个房子，称赞房东真有眼光，买房子的位置好，短短几年房价涨了不少，随后又恭喜房东发财了。并且还恭维房东管理房屋得法，不像有些房东看房客看得很紧等等。

　　史小姐本着"诚于嘉许，宽于称道"的原则对房东进行了一番适时赞美后，才提出因为自己实在喜欢这所房屋，看房东能不能按原来的价位继续租给她。

　　很显然，这位房东从来没有受过房客如此的款待和欢迎，更没有听到过如此赞美的话，有些不知道怎样才好。最后房东说："我也愿意有你这样一个爽快的房客，像你这样通情达理的房客，我愿意按原价让你继续住，如果缺什么就跟我说，能配的我尽量给你配齐了。"

假如史小姐采取别的房客的办法争取房东按原价将房子继续租给她，一定会遭受到同样的失败。可是她采取了友善、赞美的方法，就轻而易举地获得了胜利。

如同艺术家把美带给别人的同时自身也感到愉快一样，赞美不仅给别人带来极大的愉快，也给女人自己带来了收益，同时给平凡的生活带来了温暖和快乐，把世界的喧闹声变成了音乐。

女人在必要的时候，说说赞美话，既无伤大雅，又可增进友谊，还能方便办事，只是赞美的话要说得得体，说得漂亮，说得让人信服。

女人在赞美他人之前要会察言观色，揣测听者心意。对听者，要细心地观察他的一举一动，由此及彼，由表及里，精确推敲，方知他爱之、怨之、喜之、恨之是甚、是谁、为何。了解了这些后才能言之有物，赞美到点子上。成功学家卡耐基在《人性的弱点》一书中讲到这样一个故事：

有一次，卡耐基去纽约一家邮局寄信，发现那位管挂号信的中年职员对自己的工作很不耐烦，便下决心使他快乐起来。于是，他开始寻找这位职员值得欣赏的地方。

轮到卡耐基发信时，他双眼注视着那位职员，很诚恳地说："你的头发太漂亮了。"

那位职员抬起头来，惊讶地看着卡耐基，脸上露出了无法掩饰的微笑，她谦虚地说："哪里，不如从前了。"

卡耐基对她说："这是真的，简直像是年轻人的头发一样！"她听了高兴极了。于是，他们愉快地交谈了起来，当卡耐基离开时，这位职员对卡耐基说的最后一句话是："许多人都问我究竟用了什么秘方，其实它是天生的。"

从邮局出来后，有人问卡耐基为什么那样做。卡耐基说："什么也不为。如果我们只想从别人那里得到什么，而不愿为别人付出一句赞美，那就无法让别人感到我们的真

诚。如果一定要说我想得到什么的话，那就是一种无价的东
西，一种永远给我带来满足感的东西。"

可以断定，这位职员当天走起路来一定是飘飘欲仙的，晚上他也
一定会跟太太详细地叙说这件事，同时还会对着镜子仔细端详一番。

卡耐基的"赞美话"之所以能收到这么好的效果，是因为他是怀
着一份诚挚的心意及认真的态度去赞赏那个职员的。所以，说奉承话
要言为心声，坦诚得体。

如果有口无心，或是轻率的说话态度，很容易被对方识破而产生
不舒服的感觉。例如：你看到一位母亲带着一个表情呆滞的孩子，却
对他的母亲说："你的小孩看起来很聪明！"对方的感受会如何呢？
本来是奉承话，却变成很大的讽刺，收到了相反的效果。倘若你说：
"哦！你的小孩长得真高！"是不是要好点呢？

可见，女人在赞美别人时要坦诚。这样，真正夸赞别人的话，听
在对方耳中，感受自然和听到一般奉承话不同。

当然，赞美的话更要言之有度，过分夸大的赞美就会演变成为浮
夸，不但起不到有助于办事的效果，反而会令人生厌。而且过度的赞
美，常常会造成被表扬者产生盲目自满的情绪，误以为自己真有夸大
的那么好，但有时也会造成人们的逆反心理，因为人们崇敬的是真楷
模，而不是人为拔高的典型。

女人赞美别人最好的方法要数背地里赞美他人。

有一个员工，在与同事们午休闲谈时，顺便说了上司的
几句好话："咱们的领导人很不错，办事公正，对我的帮助

尤其大，能为这样的人做事真是一种幸运。"没想到这几句话很快就传到上司的耳朵里去了，这免不了让上司的心里感到高兴，还有些欣慰和感激。

而同时，这个员工的形象也上升了，连那些"传播者"在传达这些话时，也会顺带夸赞这个人几句：这个人心胸开阔，人格高尚，真是个不错的人。

如果女人能在背后说别人的好话，就能极大地表现自己的"胸怀"和"诚意"，会让他人认为是发自内心、不带任何私人动机的。这样做除了能给更多的人以榜样的激励作用外，也能使被说者在听到别人"传播"过来的好话后，觉得这种赞扬是充满真诚的，在荣誉感得到满足的同时，还增强了上进心和对说好话者的信任感。

第五章
你若盛开，爱情自来

一个女人，若是会打扮自己，又有着外表的美貌和内在的气质，还有一张能语的巧嘴，那么又何愁没有爱情相伴，又何必担心没有没人来爱自己。

你若"盛开了自己"，相信爱情一定常伴你左右。当然，"盛开的你"或许能够吸引所有人的目光，但是也要你学会去付出，去追求自己的幸福，毕竟，相爱是两个人事情，只有学会勇敢去爱，然后付出爱，我们才能够真正得到爱。

亮出自己的优点，散发爱的信息

散发爱的信息，更进一步地来说，就是传播你的种种优点，让男人们感受到你的魅力，而自动地向你"投诚"！

人都不免害怕孤独与憧憬幸福，而恋爱恰好就是这种心理的具体表现。它是一个女人和一个男人要冲破孤寂、冲破人与人之间的隔阂而渐渐地结合在一起，为创造幸福前程而共同努力的表现。

那么，迈开你恋爱的第一步吧！而第一步就是散发爱的信息，这是一个你必须要学会的方法。

要知道美丽并不是吸引男人的唯一条件。尽管美丽在任何时候都会使一个女孩出众抢眼，但人不是静物。长时期的相处必须要仰赖内涵。

有这么一句话说："爱美是女性的专利，也是女性的义务。"中国古时的妇女规范中对女子的要求，有所谓的"妇德""妇容"之说，也就是现代所说的"内在美"和"外在美"兼备。

有人以"如果你要交女朋友，你喜欢什么样的女孩？"为题，在几所院校进行调查，结果，出乎意料，其中一组的答案是：女孩的聪明、智慧最重要，美貌与否是其次的问题。另一组根本没提到"美丽"这个条件，而"有幽默感、亲切、忠实、热忱、背景良好"等，却被列为主要的选择依据。

另外一个调查显示，大部分男人的心理是"自私的"，他们愿意看漂亮女人，却不希望自己的女友容貌过分出众，这和大多数女人的猜测恰恰相反。

其实绝大部分的男人注意的是女性的内涵而不是容貌，他们对外形的要求，仅仅是"还过得去"而已。真正坚持女子美丽十分重要的，只占全部调查人物的40％。

从这些统计我们可以看出：男人并不是傻瓜，他们仍是有属于他们自己的一套想法，是会判断的。因此，大部分的女孩大可以收心，天生丽质、容貌姣好，只不过是比别人多一分的幸运而已，而容貌平庸也并不值得气馁，弥补的方法还多得是呢！

既然如此，且让我们充分去表现自我的特质与个性美，并针对男人的"心理"及"条件"来研究一下，使每一位少女都成为男人注目的焦点及追求的对象。

用约会，来邮递你的爱情

约会常常是恋爱最频繁的行动，其目的不仅是可以与一个自己喜欢的人共同出游，而且可以更好地了解对方，为彼此增进浓厚的关系做准备。

"月上柳梢头，人约黄昏后"这样的约会场面可说是恋爱中的主题了。约会的目的，不只是和一个自己喜欢的人共同出游，也不是彼此倾听甜言蜜语。

约会的主要目的是试探对方心意，并在彼此交往中，观察双方优缺点，以使寻求适应的方法，为彼此将来更浓厚的关系做准备。女性利用邀约向对方散发爱的信息时，怎样让他不拒绝，里面大有学问。

首先，邀约语气不用"？"而用"！"。邀约对方时，同一个意思可有多种不同的语气来表达："这个周末要不要和我出去玩？""这个周末请跟我出去玩好吗？""这个周末我们出去玩吧！"

在这三项邀约中，哪一种方式最易让人接受呢？当然是第三种了。因为这种"……吧！"的说法，具有同一集团或同伴的意识。相反地，"……吗？"的说法，属于站在同伴集团之外的立场说的，会让人产生一种"该怎么办"的想法而踌躇不前。

想和对方邀约时很精神地对他说："一起去玩玩吧！"对方就很难有说"不"的机会了。

其次，要想邀约成功要让对方做主角。生活中每个人都有做重要人物的欲望；在邀约时不妨利用一下对方的这种心理，让他成为主角，他会觉得高兴的。

你可以说"我在想如果是你怎么做决定""你最近在忙些什么？""如果是你该有多好……"诸如此类的有诱惑力的语言，相信即使你们只有几面之交，他也不会将这些置若罔闻的。

如果本来他只对你稍具好感，听到这话对你的喜爱反会加深几分，很为"她那么在意我"而激动。

再次，提出几个方案供他选择。邀约对方时，要有明确的计划。跟谁一起去？去什么地方？吃饭问题怎么解决？都要有周到的安排，这样对方才能放心地接受你的邀请。若他还是犹豫不决，你不妨提出几种意见让他选择一下。

比如"你喜欢去美术馆还是逛公园？""是吃快餐还是吃火锅？"表面是给对方选择的自由，但事实上大权还操在你的手里，因为问题已不是"去或不去"，而是"去哪个地方"了，那么你就算成功了。

　　如果你能巧妙地施展以上技巧，我相信你所喜欢的男性一定会成为你的囊中之物，这时我们仿佛看到了一幅画面：一位漂亮的女猎手在吊床上睡眼蒙眬地娇声说："看，他上钩了，等等我……"。

用眼神电电他，让爱情开花

　　眼睛是心灵的窗户，也是传播爱意的有效通道。含情脉脉地望着他，让爱意在眼睛里缓缓流动，你可知道，他的心潮早已汹涌澎湃。

　　媚眼是女人魅力的无声语言。运用得当，能够读懂一颗怀春的心。倘若分寸失度，眼波"流短飞长"，则就成了弄巧成拙的败笔，会让人误解你不是一个风月场上的老手就是一个水性杨花的风情女子。

　　如何恰当地将媚眼里的春色传达给意中人听，首先是用眼的时间把握。倘若目光忽闪。

　　一瞬而过，眼光几乎没有停留，别人根本记不住这欲燃即熄的目光接触．觉得不过是目光的偶尔遭际。

　　但要是目光滞粘，别人也会因惧怕而逃之夭夭。长也不是，短也不是，疑也不是，瞟也不是，究竟怎样的媚眼才算是真正恰到好处的魅力呢？读一读下面的文字，也许会对你有所启迪。

　　如果你们接触不多，一旦分开便再无见面的可能性，机不可失。怎么办呢？

　　首先应该想到这可能是一场美丽的开始。在短时间里，你应迅速调整好自己的心态。然后让自己的目光定格在身边一些美丽的事物上，比如秀色可餐的花朵、蓝蓝的天空、朦胧的灯光等。

当你的心情、目光都调节在最佳的状态后，你就可以大方地将目光渐渐向他靠拢，然后捉牢他的目光。但你要切记，一定不能临阵脱逃，只有大方的目光才能百发百中，一下穿透他的心。畏缩、小气的目光注定没戏。如果你有充裕的时间可用目光，那你不能操之过急.试试下面两种情形吧：

第一，合理使用他的心情。在他心情特殊的日子，比如职位晋升、身体不适、情绪波动……你对他使用目光传情法，他接受讯号一定会比平时灵敏得多。因为这时他会十分想让别人分享他的感觉，如果你"特意"的目光被他的那种"灵敏"接收到，他一定会用24小时去分析你的暗示的。

第二，选择最佳环境。如果你们四周阳光明媚如金、轻雾缥缈如梦、空气新鲜得像天堂……好幸运啊，在这么美的环境里，你的目中情人也会有一个美梦酝酿，如果聪明的你把握牢了，那么这个媚眼80%是有回报的，他很可能趁机报以回应，还一个让你如饮醇酒的惊喜。

以眼神进行交流之时，切不可操之过急，还要学会去如何分析对方的眼神。以下就是对男人几种目光的鉴别：

爱的火花。这是单身的你需要的。这目光坦荡纯净得像被山泉洗过一样，同时你还会觉得对方的笑容是那么自然、温暖、仿佛自己找到了一直想寻找的境界。

碰上这样的目光，你十分舍不得将它们剥离开，而想如何永远拥有这温情的时刻。如果你对拥有那样目光的人有好感.可就别浪费时间摆架子了！

欣赏式的目光。这种目光与前者有些不好分辨，你可一定要分清，不然可是自作多情。首先区别的要点是，对方一触及你的目光，便会挪开你的眼部去打量你的眉毛。嘴唇或头发，这说明他并不关注你的内心需求，只是对你持一个欣赏的态度，而且这种目光多为已婚异性。

因人而异的眼神。开朗、勇敢者的眼神是一种炽热得可以熔化你的目光，不仅电力足、温度高，而且时间长久，可能会超过四五秒的。对这样的目光，千万别认为别人是好色鬼。如果你的确对他有意，那么，你也像他那样吧。

小心敏感者的眼神可能给人觉得很胆怯。总会在你发觉他的目光时略低下头，然后再抬起眼皮试探性地瞅你一眼。尽管是可怜楚楚的目光，可那里面充溢着欲言又止、千肠百回的感慨，这时，你不妨牢牢地接住他的目光，鼓励他的目光快乐地驻扎你的心里。

暗恋者的目光可能是你见过最可爱、温馨的眼神了。他望你时，显出一种懵懂的神态，眼睛一眨一眨的。既生动又羞羞答答。如果你也喜欢对方，那你何不机灵一些，既可用他的方式眨眨眼，又可加足马力将爱的跑车直接开进他的心里，让他知道你也喜欢他呢！

耍点小手段，让爱恋永相随

在爱情面前，你的心要真诚，但不要死脑筋。你要知道，有时一个小小的"卑鄙"小手段会让你在感情投资上赚得盆满钵满。

在爱情的世界里，只要不伤害他人，不伤害心爱的他，任何表达自己爱意的方式都应该是我们可以去尝试的，这种尝试往往并不需要我们去正面交锋，也许你已经体会到，偶尔的一个"项庄舞剑，意在沛公"似的花招足够令心上人彻底痴迷，爱意渐浓。所以，相爱之时，有时需要"卑鄙"一点，从意中人的"软肋"下手，那么心爱的他就一定非我莫属。

当你喜欢某人时，首先考虑的问题便是如何将你的想法传达给对方。但这个想法并非正确，比起这件事更重要的问题是如何让自己在芸芸众生中脱颖而出，显得突出。在这里，仅仅有温柔不一定能显得出色。尤其是面貌、性格、外形看起来平凡的你，要在他的心中变成特别的存在，则不得不下决心做一番奋战。

其中一个有效方法，对你喜爱的人作点恶作剧。就像小学里的小男孩，心中明明很喜欢某个女孩子，却偏偏喜爱做出表面上欺负该女生的事，最后双方成为好朋友。

当然，恶作剧时，不可做出有损他前途的原则性事情，而应在一些非原则性问题上故意出对方的洋相。比如，对方拜托的工作故意拖延一段时间，对其他人都友好相待，独独对他不理不睬。这样，就会吸引他对你的注意。

这时，你便可找机会，在他处于困境的时候伸手帮他一把，那么，他便会对你刮目相看。

人生难得有机会恋爱，假如你是一个聪明的女孩，就应知道怎样把握住时机。向你所爱慕的"白马王子"投去一缕秋波！

比如大家一道结伴同游，或是登高或是爬山，你故意滑倒或跌上一跤，在离他不远的地方，势必引起他的注意，再加上你那楚楚可怜的神态，他势必向你迅速地跑来。当然，如果对方早有主动接近之意，你却乱了手脚，佯装不知，坐失良机，你的跤白摔，可就怨不着别人了。

　　还有一点，假如女伴过多，在他身边你要设法与众不同。女伴们为追求同一个男生，都是此种心理。尽管你和女伴情同姐妹，亲密无间，此时此刻，也不排除已经做了情敌、对手的可能。

　　假如你们出游，路过冷饮店，总要喝上两杯冷饮，解解暑气。你不妨趁此机会展开攻势。你先目不转睛地注视他的一举一动，频频向他传送"心电"。

　　一会儿，他就会发觉你的视线。当你们目光相对的瞬间，你马上低下头，或者把脸侧向别处，露出一幅"不知所措"的神态，就像电影里演的一样，保证让他着迷，最起码也会引起他的注意和闲暇时的思量。

　　你所传送的"心电"，必然就会在对方心里发生撞击。有人把这叫作"心电感应"。人们经历过了的东西，是不是就一定存在呢？科学家目前还没注意这个问题，心理学家好像已经承认了。是不是一定存在，不是什么重要问题，我们这里也不做探究。

　　重要的是，千万要把握好他发觉你的那一刹那。不要久闷不语，应想办法说话，从不知所措转为若无其事的样子。说些什么都可以，关键是大方、勇敢。当然，你还要充分利用女性的柔弱优势，学会适当寻求"保护"。

　　　　有一个女孩子，本来很会游泳，但她却装着不会游泳，
　　对男友说："我虽然喜欢与浪花为伍，可是我一个人去游，
　　好像还是挺怕的。"男友与她游泳时，一阵大浪打来，她顺

势向远处飘去，制造出被海浪淹没的样子。

男方紧张得不得了，急急地向她游过去"抢救"，原来才发现是一场"骗局"，她才会游呢！但在这个过程中，两人的感情无形中深化了。

初恋的女孩子，不妨也学学故事中的这个女孩子，适当寻求男人的"保护"。

为我所爱，当个偷心的女人

两军交战，攻心为上。爱情亦是如此，如果你想得到他的人，你必须得到他的心。

男人说："女人心，海底针"，女人说："他不懂我的温柔。"你是否觉得明明已经挖空了心思来讨好对方，却还是不能让他多爱你一点点？

如果你有这种困扰，就应该试试下列的独门秘招，让攫取他的心犹如探囊取物。但不要忘记，真心相待最可贵，从心中出发的，自然真情流露，他不会不知道的。

第一，心理战术。孙子兵法说打仗要"攻心为上"，这也是情场上的铁律，谁说谈恋爱不像打仗？选择适当时机，出其不意、攻其不备，会有意想不到的效果。

无论男女，每个人都有所矜持，男士是为了不损伤那莫名其妙的男性自尊，而女士则是为了保持假仙子的淑女风范，所以好听的话说不出来，动人的爱的肢体语言也做不出来，但是有时候男生撒点娇，女生大胆一点，反而会更令人心动。

举例来说：有一天你不苟言笑，不可一世的大酷哥男友突然跪下来帮你系鞋带，你不会受宠若惊、小鹿乱撞才怪。但请你切记，这一招不能常常使，否则会不灵，所以平常你还是假仙子一点好了。

在爱情里，要学会拐弯抹角地表达浓浓情意而不是直接说我爱你。

"我爱你"三个字虽然语意确切、简单明了，但是说出来的时候好像大家都不相信，所以最好是拐弯抹角、引经据典，甚至吟诗作对，你可能会觉得用吟诗作对来诉说情意是件很肉麻的事情，但是恋爱中的人却都很爱，如果素材选得好，一定会把他感动得一愣一愣的。

在爱情里，再学会淡淡的哀愁配上坚毅又无辜的表情，这样，即使是百炼钢也能够化成绕指柔。

阿信的故事众人都知道，他那种在艰苦中仍然勇敢迎向命运磨难的精神，不但令人佩服得五体投地，更让人不禁打从心底生出一股怜爱之情，恨不得把她抱在怀里好好疼惜一番。

怪医秦博士的漫画大家也都看过，他在开膛剖腹的时候，眼睛眨也不眨一下，但他那深切的悲伤和孤独，也让人恨不得把他抱在怀里好好疼惜一番。只要你善于调配刚、柔两面，相信你的他也会恨不得把你抱在怀里好好疼惜一番。

第二，运用心理学的制约作用。如果每天在固定的时间或地点，发生同样的事情，习惯以后，它就会变成每天生活中不可缺少的一部分，这便是制约作用的原理。

你不妨试试看，每天在固定的时间打电话给某人，过个十天半个月，突然有一天不打了，一定会弄得他浑身不对劲，反过来打电话问你，你今天为什么没有打电话给他。

第三，善用第三者。如果有第三者对他说："看得出来他真的很在乎你。"一定能让他心里乐得想躲在厕所里偷笑，所以除了在情人身上用心之外，对他身边的好朋友使出浑身解数，透露你当着"他"的面表达不出来的款款深情，有时候反而会收到事半功倍的效果。

第四，礼物攻势。人类在演变的过程中，一直在精神与物质的需求之间挣扎，但是大多数人都会屈服于物质的诱惑，所以如果有人对你说："我什么都不要，我只要你好好爱我"的时候，你千万不要相信他，送礼物绝对不会惹人嫌，只会让他更喜欢你。特别是出其不意的贴心礼物。

不要以为在情人节、圣诞节和生日送个礼物就尽了情人的义务。对你的他而言，这都是应该的。如果你能在他以为你最不可能想到他的时候，送上一份小礼物，相信他的感动会比在情人节收到礼物更深刻。

而一份有创意的礼物会比一份贵重的礼物更容易在记忆中存留，所以如果你能够多花点心思，为你的礼物做一点特别的设计，会让你的情人更珍惜它。

让深情，在笔间缓缓流动

鱼传尺素，鸿雁传情。文字，是最靠近心的沟通方式，尤其是凝聚自己的情感而一笔一画刻出来的更是如此。

美妙的情感需要去谱写，美妙的情感需要去把握。而这一切常常可以凭借于笔尖去描绘。正如许多真迹动人的情书，连接了多少颗跳动的心，编织了多少温馨的梦。在恋人的沟通中，自我的亲笔往往寄寓着更多的珍贵与深情。

情书自然是情人们的事。但是，写不是目的，目的在于向对方表达感情，引起对方的共鸣。通过情书往来，达到共结连理的目的。情书的写作目的，决定了情书不是一种单纯的单方面行为，而是恋人间双向交流的一种基本方式。

既然是一种交际，那么写情书的时机选择则是恋爱交际艺术的题中之意了。

首先，写在初识时，可加深对方印象。此时写情书，加深了解度。初识，尤其是经人介绍相识的，恋爱双方虽通过接触已有了初步的直观印象，但往往比较浅显、模糊、飘浮不定。

第一，初识时，大致有这样三种情形：一是双方一见钟情，大有相见恨晚之感；二是一方对另一方甚感满意，一方则对对方印象平平；三是双方都犹豫不定；四是有一方觉得不满意，但又觉得马上回绝有些仓促。

第二，如果这时写一封情书，就会大显其"效益"。如果彼此有意的，可为"爱"更增添几分情意；如果双方印象有些倾斜，则可能使"爱"的天平持衡；如果双方都在徘徊，有可能因此"一锤定音"；如果初觉不合适的，则可能重新对未来的关系做出判断。

其次，写在误会时，可消除疑虑，增强理解。谈恋爱时，恋人都特别敏感，有时一句话，一个举动都会联想出一个"万千世界"。而过于敏感和猜疑，就容易产生误会。这种误会，如处理不好，会使该结的良缘毁于一旦，令人遗恨终生。

这时如果写一封通情达理的情书，不仅能消除误会，而且能增进了解和理解。误会时写情书，可以免去当面解释的不便，是消除疑虑的好办法，而且有时经过"情书"的解释，反而会成为爱的"添加剂"，这时情书的作用不可低估。

然后，写在不满时，可表达自信，提高凝聚力。恋爱时，男女双方对对方的某些缺陷、缺点不满，有时会从一句话、一个举动中反映出来。

有一位姑娘对男友唯一不满的是不高偏矮，难免偶尔流露出不太满意的情绪，男友对此也有察觉。于是，他翻阅了许多资料查到了不少"理论根据"，利用几个晚上的空闲时间，写了一封信：

第一谈了女友情绪变化的原因，没有埋怨，字里行间体现着理解之意；第二讲了身材的科学知识和身材在爱情中的位置；第三摘录了中外名人中"矮个"者成材的事例，阐述了人的内在价值的重要。这封信很有威力，女友看后非常高兴，她认为：男友这么要强，值得爱。

对方不满时，写一封情书，对"不满"之事进行适当的解释、说明，能减轻对方的心理负荷。这种情书要写得自信但不傲气，说理但不刺耳，通过情书提高凝聚力才是最后的目的。

最后，写在忧虑时。可以解除烦恼，建立自信心。人生活在社会中，会碰到许多困惑与烦恼，恋爱中的人或许烦恼更多些。这些烦恼、忧虑主要来自两个方面：一方面是恋人与社会间的摩擦，如恋人在工作单位与人发生争执，恋人对工作不如意，等等。

　　另一方面是因恋爱而产生的，如父母不同意自己的恋爱，对发展恋爱关系缺乏信心，等等。产生忧虑与烦恼的恋人都希望从朋友那里得到理解、体贴、劝导。

　　所以，消除恋人的烦恼，也是恋爱的客观内容。当对方忧虑时，除了面对面的劝导外，适时地写一封情书，在信中给予理智的分析，在劝慰中给予精神的支持，往往能使对方走出忧虑的心境，获得一种心理平衡。

　　心中有情，就该在笔尖中跳动而写下，这既可渲染内心的深情，又可以更好地维系爱情。恋人间的笔迹，是与心相连的，你大可不必为了工整而去打印，那反而多一份矫揉之气了。保持一分朴实与自然是美好而可贵的。别让笔闲置，别让心中的情荒芜疏远。

神秘感，让你的爱情常保新鲜

　　人都是有好奇心的，尤其在热恋当中，你的一举一动都会引起他的注意。如果你认为自己的魅力还不足俘虏他，那么，你不妨神秘一点。

　　两个刚认识不久的人一定会非常迫切地希望知道对方的事情，尽管这是理所当然的愿望，却也会造成不利局面。对方一旦了解你的全部事情，对你的兴趣也会随之急速冷却。因此，要使每次约会都有新鲜感并使他对你持续抱有兴趣，一定要在恋爱期间保有一点神秘感，让他对你有尚不明白、弄不清楚的部分。

　　第一，不要说太多关于自己的事情。如果从自己出生开始到现在的一切，你都对他说得一清二楚，那你对他就根本没有神秘感可言。

因此，若提到自己的事也要坚持不说某一时期或某些话题，演出一段空白的岁月。

例如，故意不说有关姐妹的事情。而当对方追问你是否有姐妹时，你可以故作惊讶地回答说："我没有说过吗？"

第二，绝对不让他送到家门口。男女约会后，通常男方会送女孩回家。这时候你可以特别指定只让他送你到车站或巷口，且绝对不跟对方说明理由。这种做法也能造成神秘感。在经过一段时间后，你可以找一个借口向他做解释，说在家附近怕被人说闲话。

第三，编造几个讨厌做的事。要是你有某个特别的癖好，如绝对不去某个公园，绝对不逛某条热闹的街道，并不做解释，也会让对方觉得你神秘，搞不清楚你是怎么回事。这种特别的癖好，当然可以编造，只要不伤大雅即可，事后稍做解释就行了。

第四，总是在某个时间道别。总是在同一个场所，同一时间跟对方说再见，也能造成神秘感。比如晚上约会时，无论你们两人玩得多么开心，只要一到晚上九点，你就说该回家了。如此连续不断，对方也会莫名其妙，感到不可思议。

第五，制造常常偶然相遇的假象。美国电影《超人》中的超人，平常不会显出超人的身份，但却总是会在他暗恋的女子面前突然变成超人。

一般人要突然改变身份出现在恋人面前固然做不到，不过如果可以突然出现在他的面前，那也算是神秘的一种了。比如在他下班回家时假装突然遇见，给对方"常常偶然遇到"的假象，若能由此让对方觉得你与他之间似乎有着姻缘红线，必将水到渠成了。

稍微"坏"一点，勾住他的心

"使坏"是一种获取爱情的小伎俩，偶尔"坏"一点，可以更好表现你的可爱，但要记住一条，你的心不要变坏。

坏女孩更凭本能行事，好女孩按规范做人。坏女孩是天生的，好女孩是后天学习的。而一切天生天养的东西，都有奇异的生命力，生猛蓬勃，活力四射。

《永远有多远》中，善良仁义的白大省和精明风骚的西单小六；《空镜子》里不安分的姐姐孙丽和傻乎乎的妹妹孙燕；再往前，《情深深雨蒙蒙》柔顺如小鸟依人的茹萍和小豹子一样利爪利牙的依萍……每一个好女孩的身边，都有一个坏女孩，她们分饰一个戏里的第一、第二女主角。但是，多数时候，我们的目光，总是胶着在那个坏女孩的身上。她们抢尽风头。

不错，好女孩笑容温暖，但坏女孩的眼神中充满了诱惑啊!她们烟视媚行，她们随心所欲，她们颠倒众生，她们到处遇到愿意爱她们的人，并心安理得地享受甚至挥霍着这些宠爱。

坏女孩的率性和好女孩的规矩；坏女孩的反叛和好女孩的温顺；坏女孩的性感和好女孩的庄严；坏女孩的自我和好女孩的奉献；坏女孩的奔放和好女孩的忍耐；坏女孩的欲望和好女孩的自律……

在这样的对比中，我们都知道哪些更属于美德，什么更接近于完美。但很奇怪，让我们心动的，竟然是另外的力量。

好女孩和坏女孩的古代版，是淑女和妖精；唐明皇的梅妃贤惠明理，他的杨妃妩媚善妒。但是千古以来，人们记得杨，是因为杨的一场因妒畅饮，贵妃醉酒一直就是最美的折子戏。

史载杨玉环常常和唐明皇吵架，至少有三次被他休回娘家，据说唐明皇对她的迷恋，其实是因为从没有一个女人敢如此待他，杨玉环让他体会了寻常民间夫妻的乐趣。所以他上穷碧落下黄泉地想她，想念一个精灵一样的女人。

想念一个妖精，是很多男人一生中都经历过的痛苦。而且，多半，他们都因这个妖精而长大。

好女孩的温顺和体贴，在坏女孩带来的永不停歇的新鲜和刺激面前，竟然是如此苍白和疲弱！你不能不承认，坏女孩更具有观赏性，她们一手创造这个世界的故事和风景。

现实版的好女孩和坏女孩，李敖评价过女艺员："个人有时候常常被埋没，个人有时候会爬起来，都是没办法的。好比章子怡，多少章子怡被埋没掉了！

这是社会，真正的社会就是这种社会。鼓励人类能够进取、活泼、有财富，需要靠欲望。"

在名利场上，在争夺机会、财富、光彩、男人、甚至爱的时候，如果坏女孩出手，她想要的通常都能要到，而落败的，往往是好女孩。

既然坏女孩拥有一切，为什么还要做个好女孩呢？唯一的理由，或许是成长。小妖精真的很可爱很魅惑，但谁也不能是永远的小妖精，连麦当娜都不行。当女孩的年华渐渐走远，一个好女人的善良恬淡，会透出另一种持久的香味。

主动出击，寻找自己的王子

　　曾几何时，只为了一句爱你在心口难开，我们的父母一代，曾有多少人错失了一段美好姻缘？到头来，不得不在家人的安排、别人的操纵下完成自己的终身大事，一生中最浪漫、最多情的记忆就此成了一片空白！作为一个新时代的女性，你还有什么理由让自己重复上一代的爱情悲剧呢？

　　刘欢唱的《好汉歌》里有这么一句歌词"该出手时就出手"，用在情感追逐中，就是女追男：该出手时就出手。女性也懂得找准目标伺机"出手"了。这是好现象，喜欢就主动追求，扭扭捏捏错失了大好时机，后悔就来不及了。其实，若自己的主动真能携得王子归，又管他掉价几许呢？

　　我认为，追求求幸福绝不是什么掉价的事，明明不幸福还要放弃自尊去乞求怜悯，那才是真正的掉价！

　　这是一个男子都可以被冠以"花样"，女子都能够成为"强人"的新时代；这是一个男子可以被同化为"女子"，女子可以被强化为"男子"的新时代。女追男，并不是我们的顾虑，更不是不可想象。

　　当下女追男是恋爱新潮流，并发展到"抢"才够刺激。往小里说这叫锻炼胆识，往大里说就是掌握命运。连大导演都敏锐地意识到问题的严重性，于是《真爱无价》中的奥黛丽塔图扮演了一个一心打入上流社会的拜金女艾琳，狂热追求百万富翁让，结果下口太急，错把粉丝当鱼翅。

当真相大白，艾琳撤退，被误认为富翁的酒店服务员让却开始反攻，痛不欲生的艾琳必须动用全部智慧来对付让的追求。

俗话说：男追女隔座山，女追男隔层纱。似乎女孩追男孩是件再容易不过的事。然而在经典爱情的库藏中，女追男的故事却记录甚少。即使爱得死去活来，女孩也只能矜持地选择安静等待。不过时代变了，爱情已经不在乎谁主动了。

如果女人觉得眼前的男人让自己心动了，那该怎么办呢？难道，只能不断地摆出各种等待的姿势？万一，男人是个瞎子，或者白痴，死活都不知道女人在等着他的追求，那么一段美好的关系，岂不是没有办法开始？所以，女人开始追男人，由一开始的害羞地追，到现在的大胆地追。

> 汪涵和女朋友杨乐乐在接受采访时，乐乐回忆，汪涵追求她的攻势大体分为三招：花言巧语"哄骗"，大小礼物"贿赂"，不分昼夜"接送"。
>
> 回想当初，乐乐说："其实是我追他的，因为他追我肯定追不到，我追他肯定是轻而易举。"

"谁先动心谁就满盘皆输！"这句话是古龙说的，在男女情场上，我认为避免"满盘皆输"的好办法就是敢爱就要主动出击。

祖宗说，男追女，隔座山；女追男，隔层纱。放着现成的纱不用，非得费那个劲儿翻山越岭，多累。

前段时间，一项新女性调查表示，已经有56%的女性赞成：女追男，有什么不可以？社会进步了，本不必固守传统方式，女人不必只是"待价而沽""守株待兔"！

事实上，就一位记者在大专院校访问新男性显示，如果是自己喜欢的女生主动来追求，超过百分之九十的男生都投赞成票！套用那句老掉牙的话："男追女，隔座山。女追男，隔层纱。"

然而，眼看着"纱"就在眼前，却有多少女子出于一时的羞怯、顾虑，迟迟不敢捅破那层纱，到头来，唯有万般无奈，千般感慨。

一味地等着男人来追，本来就是把自己放在一个被动的地位上，看起来倒是很有面子，其实不过是局限了自己选择的范围，而且也未必就能换到好的结果，我实在看不出这种做法有何聪明之处。

而如果自己肯勇敢一些主动一些，就会多一些机会拥有更好的甚至是最好的，被拒绝的风险固然有，但因为怕冒这个风险就毫无作为地看着自己想要的东西被别人拿走，那是很不值得的。

女人主动出击"猎取"爱情，有时确实像一层纸一样，一捅即破。有些女性正是因为懂得在婚恋中采取主动态度，令男性眼中的她出众无比，最终赢得美满爱情归。

台湾名嘴陶晶莹在谈及自己的恋爱史时，就直截了当地说："像我们这样聪明的女人，如果不主动点，基本上就没什么机会啦！"所以，一旦自己欣赏的人出现在身边时，不要犹豫，巧妙地主动争取。

　　在电视剧《我们遥远的青春》里，戴妍是个泼辣美丽的女孩，一个偶然的机会，她认识了一个叫蒿俊的民乐系学生，并在学校的会演中对他产生了好感。她就开始了自己的追求爱情之旅。

　　她的主动几乎逼得对方没有拒绝的余地。她不但经常去看葛俊的演出，而且在他们演出结束后，一直跟在乐队的后面，几乎是"穷追不舍"。

人人都看得出她对葛俊的好感，一个女孩满校园地追着一个男孩撵，这是一种怎样的尴尬？可她不在乎，认定了自己的爱就要去追求，不管别人怎么看、怎么嘲笑。

为了追求葛俊，并不懂音乐的她硬要加入葛俊的乐队。当葛俊拒绝了她后，她依然不泄气，有一天晚上，把葛俊堵住，说："听着，我给你两个选择，一是让我加入你们的乐队，二是我要做你的女朋友，我给你两天的时间选择。"

她的主动让葛俊没有回旋的余地。让一个不懂音乐的女孩加入乐队，对乐队的负面影响可想而知，无奈之下，葛俊选择了做戴妍的男友。

戴妍就是这么主动地把爱情抓在了手里，最后她又以真性情赢得了葛俊的真爱。

当然，正确的方式才能达到目的，否则结果常常会适得其反。女人在主动出击的时候，以下这些招式最好不要用：

身体诱惑：也许是你身体的诱惑更让他无法抗拒，然而如果他无法抗拒的只是你暴露过多的身体，占了便宜就跑，你就吃大亏了。

自我吹嘘或炫耀：从天才儿童到公司杰出青年，你以为把自己描绘成希拉里，就能迫使他主动追求你。殊不知，你的"优秀"会让他产生一种无形的压力，自我吹捧也会让人觉得你浅薄。

自己低到尘埃里：不能这样去对男人说：

　　"你现在可能不爱我，但我愿意等。"

　　"我知道自己配不上你，然而，我是这个世界上最爱你的人。"

　　这样的爱情，就算得到了，以后他变心也会振振有词："我本来都不爱你，是你自己当初要对我死缠烂打。"

　　扮作免费全职钟点工：对他来说，无微不至的照顾能用白不用，用了也白用。

　　送贵重礼物：因重礼而爱上你的男人你养不起；而他不是这样的男人，你又何必破费送重礼？

　　无论怎样，女人追求异性，应该有自己的底线。这又要注意下面的三点：

　　一是时间不能太长。如果在这期间，他不能如你想象中的那样接受你，或不能像你对待他那般地对你好，不公开承认你，不说爱你，就表明他已经变相地拒绝了你，只是在享受着你的关心。这时，你应该学会放弃，实在舍不得放弃，依然爱他至深，那么就要想方设法变换方式来让他主动爱上你了。

　　二是懂得适可而止。多次约他参加活动，如果他老是拒绝，就表明他对你没有那种意思，那么，还是适可而止吧。想表露心迹，可以借些特殊的道具或日子，以开玩笑的口气说"我好喜欢你"，他若有心，会当真，倘若无心，则纯粹当你是开玩笑，自然也不会失了面子。

　　三是场合要适合。一般情况下，最好是选择人多的场合，如参加聚会、结伴旅游什么的，这样可以见机行事地暗示你的爱慕之情。如果被拒绝，也没什么，还有那么多人陪着，也不会让自己失态。

爱就要勇敢表白，谁知道明天和意外哪个先来！而且当日之下严峻的社会现实是女多男少，许多姐妹不小心便成了那个万恶的词"剩女"，我希望这个专题能起到抛砖引玉的作用，不论是讲"女追男"的技巧也好，做"女追男"的调查也罢，希望每一个女人都能找到自己的真爱……

分期投入，让感情长长久久

为爱而生似乎是女人的天性，当女人遇到爱情的时候，就开始衣带渐宽终不悔，为伊消得人憔悴，把恋人视为活着的唯一价值，什么都舍得，做什么都值得，恋人的气息布满了生活的每一寸空气，自己的情感付出也如黄河泛滥一发不可收拾。

见着时，为了自己如何笑得灿烂如何穿得光艳大伤脑筋，不见时，便傻傻地温习着男人的一颦一笑，当记忆轮放到两人的甜蜜时光时，不禁暗暗偷笑，偶尔也会因为恋人的疏忽变得神经兮兮，惴惴不安地猜度着：为什么今天他没有给我打电话？为什么他没有给我发一条短信息？恋爱的女人就像受了魔鬼的蛊惑，因爱而喜，因爱而忧，为着一个男人倾囊而尽，比如时间，比如精力。

爱情对于男人而言，也许只是偶尔的消遣，但却是女人全部的生命寄托，因为爱情就是女人一辈子最大的赌注。

所以当女人遇到一份感情，就迫不及待地投入了100%的情感，小至男人是否吃过早点，大至男人的老板是否有些无理取闹，都纳入自己的爱情菜单，即使男人只是很无意地提起的一个最新款的手机，女人也省吃俭用地把它买来作为男人生日的惊喜。

乖乖女总是错误地认为，感情这东西，有多少付出，就会有多少回报。但是感情的事情不是你个人说了算的，能不能有回报，还得取决于对方的态度。如果对方不投入，你们的感情就无法产出。

能在茫茫人海寻到两情相悦的人，实属不易，而且"金风玉露一相逢，便胜却人间无数"，人间的万般幸福都不如爱着的甜蜜，以此来看，似乎爱就该全力以赴。但爱情也像是马拉松长跑，如果在最初的开始，就投入了100％的力气，大概在后续的路程中就因体力不支而举步维艰了。

感情这个东西，让一个人吃得太饱了，再好的感情也会有腻的感觉。其中一个人如果给另一个人投入的感情太多，另一个人会难以消化，进而形成压力，会感到被对方的感情所累。

一个人一旦累了，也就麻木了，对再好的感情也会失去感知能力。面对已经厌倦的感情，一方越殷勤，另一方越反感。

还有，你越是心甘情愿地帮他做什么，慢慢地他会觉得为他做什么是你的义务，理由就是谁让你这么爱他呢？他也就毫不感恩地、心安理得地享受着你的付出。这也就是老婆帮一个男人洗了一辈子衣服，男人没有感觉；而情人给他洗了一次袜子，就感动得够呛的原因。

女人可以无私地爱一个人，但是千万不能因为爱而表现出自己的卑躬屈膝。那样，你一次投入得越多，你在他心目中贬值得越快。轻易得到的东西，没有理由倍加珍惜。

所以，爱情固然要仔细呵护，但应该是循序渐进的，随着交往的深入，一点一点支付着自己的情感，这样，随着爱情的缓步前行自己还有剩余的精力去继续更多的精彩，以免爱情走到一定程度后便因为前面得太过丰富而开始索然无味起来。所以，聪明女人在爱情里，会用分期付款的方式来支付感情。

爱情对于女人智商的摧毁是最致命的，相应地，分析能力、思辨能力滑落到原始人的水平，于是女人不免在昏头脑热下将一个一无是处的男人看成了人群中的佼佼者。

而唯有时间，才能将一个男人的本来面目洞穿无余。所以想分辨出一个男人是否是值得自己托付终身的人，便需要时间慢慢去验证，这也是女人对于男人的了解需要一个循序渐进的过程的原因。

时间所公布的结果，或喜或忧，喜的是女人当初就恰遇良缘，所选的男人果然表里如一，对自己也是一片倾心，大可执子之手，与子偕老。忧的是，男人的种种陋习渐渐浮出水面，好逸恶劳，而且对于自己也是心猿意马，一见漂亮MM就眼露色光，真是错把恶夫当贤郎。

所以，对于男人的了解还处于晦暗不明的状态时，就忙不迭地投入了自己的全部情感，风险太大，如果遇人不淑，岂不所有的心血都要打了水漂了。

因为女人对于男人的了解是需要循序渐进的，那么付出也应该是循序渐进的，一边考察着男人的品性，一边量"察"而出，这样亦步亦趋的情感支付方式才是稳健的爱情投资之策。

爱情就像是一场赌局，你赌的是男人的可依靠程度、这份爱情寿命的长短以及幸福与不幸福的可能，赌注便是你的青春和你的情感支出，所以一下子就对一份感情投入了十分力气，便如同将所有的赌注压在一盘赌局上，一赢皆赢，一输皆输，可开盘的是上帝，谁又能猜得透上帝的心思？所以，将所有的心血放在一份感情里，不是聪明的爱情投资之举。

　　既然上帝的心思捉摸不透，便不要玩这个铤而走险的游戏，因为一旦输了，输的是自己全部的家底。聪明的爱情投资之策应该是，每一步的交往，只投入自己一部分的情感，一旦感觉前景不妙，就卷起赌资走人。这样，当轮换到下一场爱情赌局时，自己还有再去赌的资本。

　　人们总是根据自己的付出去计较结果，女人一下子为情感支付了全款后，自然期待满载而归。但世间不如意之事十之八九，男人的爱也容易转眼成了追忆，感情也有可能在某一日土崩瓦解。

　　所以，女人很可能全心全意付出了情感后，却看到的是曲终人散，只剩下自己一个人在过往的感情里欲语泪先流。付出时总是竭尽心力，得到的却是渺茫无望，巨大的心理落差，谁都不堪忍受。

　　女人最初对于感情的全力以赴为的就是这个男人成为自己一生的守护，忘我的投入无非是支持着感情圆满的希望，但最后希望却摔成了碎片。

　　而做人最悲惨的就是希望的破灭，因为希望寄托着自己对明天的所有期待，一旦希望成了碎片，生命也便从此暗淡无光了。

　　而如果选择的是分期付款，先期投入只不过是自己所有家当的一部分，即使情感付诸东流，但由于只是投入了一部分，也不至于因为付出和结果的巨大落差，而让自己无法收场。所以，爱情的最好模式是渐入佳境，选择分期付款。

　　　　罗斯福不负众望，在白宫做了三届美国总统，曾有记者问他连续三次夺冠的感觉，不料罗斯福却说：就好似一下子吃了三块汉堡。好的东西自然是多多益善，但是也要分阶段讲步骤，倘若一下子蜂拥而至，不仅来不及享受这份好东西的美妙，而且还麻木了对这份东西的喜欢。

对男人而言，女人一下子太多的情感付出，也像是三块接踵而至的汉堡，拒之，可惜，食之，倒胃。

所以，当一个女人刚开始就对一个男人付出了100％的情感，男人在最初的一刹那或许会受宠若惊，但随着习以为常，就认为这不过如此乃至本该如此了。

因此爱情的最好模式应该是渐入佳境，故女人应该以分期付款的形式支付自己的情感，这样男人才不会因为一下子享受了太多的关爱而渐渐地无动于衷。